小「食」光

HOME CAFE
101
meat

101 份无国界
咖啡馆招牌餐品，
家中的 65 桌
肉 主题轻食时光

〔韩〕la cuisine 著　杨茜茹 译

河南科学技术出版社
· 郑州 ·

contents 目录

001, 002

牛排三明治,
水果潘趣酒

p. 16 ~ 17

009

酥炸糯米牛肉沙拉

p. 26 ~ 27

010, 011

越南牛肉河粉,
腌洋葱

p. 28 ~ 29

012, 013

牛五花萝卜饭,
山蒜调味酱

p. 30 ~ 31

014, 015

牛肉干酪三明治,
姜汁无酒精饮料

p. 32 ~ 33

024

韩式香辣小寿司

p. 44 ~ 45

025, 026

坚果菜包饭,
迷你牛肉煎饼

p. 46 ~ 47

027

韩式香辣
牛肉汤刀削面

p. 48 ~ 49

028, 029, 030

牛五花大酱汤,
黄米土豆饭,茼蒿拌豆腐

p. 50 ~ 53

003, 004

烤牛仔骨，
甜椒炒洋葱

p. 18 ~ 19

005

咖喱乌冬面

p. 20 ~ 21

006

俄式牛肉盖饭

p. 22 ~ 23

007, 008

蒜片炒饭，
炒菇拌烤牛外脊

p. 24 ~ 25

016, 017

辣椒牛肉堡，
炸薯条

p. 34 ~ 35

018

微辣奶油意大利面

p. 36 ~ 37

019, 020

黑胡椒奶油牛排，
什锦热蔬

p. 38 ~ 39

021

炒牛肉番茄沙拉

p. 40 ~ 41

022, 023

马苏里拉干酪牛肉卷，
清爽双色包菜沙拉

p. 42 ~ 43

031

牛肉松三色醋味饭

p. 54 ~ 55

032, 033, 034

海带拌黄瓜，黑豆糙米饭，
牛肉炖土豆

p. 56 ~ 57

035

牛肉芦笋盖饭

p. 58 ~ 59

"HOME CAFE 101"
丛书介绍

每个主题均包含101份咖啡馆招牌餐品

每个分册都以生活中常见的一种或一类食材为趣味主题，围绕主题选用可以轻松买到的各种食材，呈上多种口味、多种享受的101份美食配方。

新颖却不难做

将各国特色美食的独特烹饪法，以多元化咖啡馆风格重新精炼，即使没有精湛厨艺或专业工具也能轻松完成制作。而且所有以主题食材为主材料的主餐，其制作方法全部配有步骤图片，新手也能轻松跟着学。

经厨房测试小组验证

所有101份餐品无论是味道、外观，还是材料构成、烹饪方法、制作过程，甚至连难易程度都经过la cuisine烹饪研究开发中心细致考量，并经厨房测试小组验证才收录书中。

多风格套餐搭配，呈现一桌温暖味道

将主餐与适合搭配食用的饭、汤、小菜、沙拉、甜点、饮品等配餐组合起来，以此为内容编排形式提供多风格的套餐搭配。你也可以根据自己的口味组合出更多样的套餐搭配。

引领风潮的美食创意

即便是常见的餐品，只要赋予其新的特色，就能得到与众不同的新美食配方。"HOME CAFE 101"丛书提供引领风潮的美食创意，帮你打造属于自己的"家庭咖啡馆"。

保持品质持续呈现

"HOME CAFE 101"丛书毫无冗词赘语，美食配方简洁精练，内容实用而风格鲜活，更多的分册将保持品质持续呈现。

"HOME CAFE 101"
分册使用说明

注：成品图仅为显示成品视觉效果，材料和成品数量
　请严格依据制作方法的文字描述。

"042猪肉大葱味噌小炒"的
材料

大字标示以肉为主材料的主餐，
制作方法配有步骤图片

小字标示未使用肉的
配餐，制作方法省略
了步骤图片

所有的用量都以量杯
和量勺来计量：
1杯=200mL
1大勺=15mL
1小勺=5mL

此标志表示本美食配方已经过
la cuisine烹饪研究开发中心厨
房测试小组的实践验证

"051肉丸意大利面"中肉丸的制作方法。此制作方法加以底色，表
示它也适用于书中用到肉丸的其他料理，比如"052奶油包菜肉卷"
和"055培根红薯丸"

HOME CAFE
101
meat

食谱 ···

做牛肉料理前
的须知

不同部位的特征

牛上脑 · 牛眼肉 · 牛外脊

牛脊部位的肉脂肪分布适当且肉汁丰富、味道香浓。牛脊前段是肋脊部，肋脊部最前段是牛上脑，肉质佳、口感好；牛上脑后面白色脂肪均匀展开的部位是眼肉。牛脊后段是腰脊部，牛外脊是常见部位，其肉质细密、脂肪相对少且口感更柔软。

牛排，美式烤肉，涮锅，韩式烤肉料理

牛里脊（小里脊，腰内肉）

牛里脊是牛腰脊部腰椎下方内侧的条状嫩肉，是一头牛中很低产的高品质肉品。肉质特别软嫩而且脂肪少，口感十分清爽。肉的纹理很明朗，做料理时易把握，能轻松地把肉切成不同的大小。牛里脊也是西餐中菲力牛排的用肉部位。

牛排，咖喱，薄片牛肉卷

牛排骨

包围着肋骨的肉虽然肉质稍粗糙且口感较硬，但因为附着脂肪所以很美味。市场上以剔除骨头的和带着骨头的两种形式出售。烧烤或者炒菜时一般用剔除骨头的肉，而做汤或炖煮时，因为需要较长时间所以一般使用带骨头的肉。

烤，炒，卤，炖，煮汤

牛五花 · 牛腩

牛五花位于前胸之后的胸腹部，油脂很丰富且反复咀嚼的后味儿很好，适合烧烤或炒菜，亦可切成薄片涮锅。牛腩位于腰腹部，脂肪分布均匀、肉质有嚼劲，适合长时间的小火炖煮，或者熬制高汤时使用。

熬高汤，煮汤，烤，炒

牛腱子 · 牛大腿肉

牛腱子作为牛的小腿部位味道香浓，为了使肉质松软，适合长时间炖煮，或者做带汤的料理时使用。牛大腿肉指牛后腿部位，油脂少且蛋白质含量高，细细咀嚼味道很好。

卤，炖，烤肉串，凉拌菜

处理方法

牛肉的水分含量，即肉汁的多少，会影响肉的味道。如果冷冻了，那么在解冻过程中要阻止肉汁的流失才能吃起来更美味。冷冻牛肉要在料理前一天移至冷藏室，并在密封状态下慢慢解冻。如果没时间，也可以将牛肉以不直接接触水的状态浸泡在冷水中解冻。整块的牛肉需要在冷藏室里放置5小时以上，切开的牛肉需要2~3小时，绞碎的肉则在冷藏室放置1小时就够了。牛肉若有血水残留就会口感不佳甚至出现异味，带骨牛肉或牛腱子、牛腩等大块牛肉料理前应放在冷水中稍微浸泡一会儿以去除血水。不要用水冲洗牛肉，浸泡后放在厨用纸巾上吸干血水即可。

储存方法

余下的牛肉应按每次料理需要的量分开，用保鲜袋或者保鲜膜分别包好储存。牛肉在10℃以下的冷藏室中可以储存2~3天，在−15℃以下的环境中可以储存6~12个月。整块的牛肉可以在冷藏室中储存3或4天，牛肉馅则最好在1~2天内吃掉。牛肉如果和空气接触就会从鲜红色变成暗棕色，但这只是色素的变化，其肉质未必腐化，切开时只要里面的部分仍是鲜红色就可以食用；但切开时如果发现里面的部分不再是鲜红色，肉的表面也黏糊糊的，且散发出酸溜溜的味道，肉也失去了弹性，那么就应警惕肉是否已变质。

Q&A

Q 牛肉口感太硬？

A 用刀背或敲肉木槌敲打，可起到破坏筋的作用而使肉质变软。切肉时以垂直肌肉纤维的角度切不仅模样好看，而且吃起来比较软。牛肉腌制后入锅料理时，最好再切些猕猴桃、柠檬、菠萝、梨等一同放入锅中；但如果放得太多，则会导致牛肉过烂。

Q 牛肉的等级？

A 牛肉的品质大多是根据白色脂肪形成的大理石纹路（marbling）、肉和脂肪的色泽、肉的纹理等判断的。韩国牛肉分为1++、1+、1、2、3共5个级别。美国牛肉分为极佳级（prime）、特选级（choice）、优选级（select）、标准级（standard）、商用级（commercial）、可用级（utility）、切块级（cutler）及罐装级（canner）等8个级别。澳大利亚牛肉的等级按照牛吃谷物的天数来判断，牛肉的大理石纹路从好到坏依次是300天牛、200天牛、100天牛。

1. 把牛里脊放在厨用纸巾上吸干血水，用盐、胡椒粉、橄榄油腌一下。

2. 将红甜椒去籽后切丝，洋葱也切成同样大小。生菜叶去除硬梗，切成同面包一样的大小。

3. 把番茄切成厚0.5cm的圆片，放在厨用纸巾上吸干余水。

4. 在烧热的锅中放入1大勺橄榄油，放入洋葱和红甜椒炒至出水完全收干。

5. 放意大利香脂醋和蜂蜜调味，再将盐、胡椒粉倒入提味儿。

6. 将夏巴塔面包从中间切开，锅中什么油都不放，直接将面包内面朝下放入，烘烤至微焦黄。

牛里脊（牛排用）	2块（200g）	意大利香脂醋（见p.151）	2大勺
盐、胡椒粉	各少许	蜂蜜	1大勺
红甜椒、洋葱	各1个	夏巴塔面包（ciabatta）	2个
生菜叶	6片	蛋黄酱（见p.150）	$1^{1}/_{2}$大勺
番茄（中等大小）	1个	橄榄油	适量

牛排三明治 ○○1

2人份

○○2 水果潘趣酒

柠檬、橙子、苹果	各1/4个
草莓	3个
砂糖	2大勺
红酒	$1^{1}/_{2}$杯
蔓越莓汁	1/2杯

7 **8**

将 **1** 中腌好的牛里脊放入烧热的锅中，焙烤至熟后拿出切片。

在夏巴塔面包烘烤过的内面抹上蛋黄酱，再依次放入生菜叶、**5** 的炒蔬菜、**7** 的牛里脊和 **3** 的番茄。

1 柠檬切圆薄片，橙子切半月形薄片。

2 苹果去核但不削皮，切成薄片；草莓去蒂切成薄片。

3 将处理好的水果放入碗中，撒上砂糖腌1小时。

4 往 **3** 中的水果中倒入红酒和蔓越莓汁，在冰箱里冷藏1小时以上即可饮用。

烤牛仔骨

2人份

003 材料

牛仔骨*	500g
<调味汁>	酱油、梨汁各3大勺，蒜末1大勺，芝麻油1/2大勺，砂糖、蜂蜜各2小勺，生姜汁1小勺，胡椒粉少许
食用油	2小勺

1 剔掉牛仔骨的筋，在冷水中浸泡1~2小时，去除血水后用过滤网勺沥干水。

2 用刀尖敲打牛仔骨较硬的部分使之变软。

3 将调味汁的所有材料搅拌均匀。

* 牛仔骨，为牛小排以垂直于骨头方向横切断开而得，也被称为LA牛排。

4 将牛仔骨拌上调味汁装入保鲜袋里，接着放入冰箱冷藏至少2小时。

5 烧热的锅中倒入食用油，放入4的牛仔骨，用中大火将两面煎至微焦。

004 甜椒炒洋葱

004 材料

青甜椒、洋葱	各1个
食用油	1大勺
盐、胡椒粉	各少许

1 将青甜椒去蒂和籽后切成粗丝，洋葱也切成相似大小的粗丝。

2 烧热的锅中倒入食用油，用中大火将洋葱和青甜椒炒至稍变软仍鲜脆的状态，放盐和胡椒粉。

2人份

咖喱乌冬面

牛肉（烤肉用）	150g	海带水（见p.151）	4杯
盐、胡椒粉	各少许	咖喱块	2块
洋葱	1/3个	咖喱粉、鲣鱼昆布汁（见p.150）、牛奶	
蘑菇	4个		各2大勺
小葱	2根	乌冬面	2袋（约400g）
橄榄油	1/2大勺		

1 将牛肉2或3等分，用厨用纸巾吸干血水，再用盐、胡椒粉稍稍腌一下。

2 把洋葱切成1cm长的粗丝，将每个蘑菇4等分。将小葱切碎。

3 烧热的锅中倒入橄榄油，放入牛肉用中大火将表面炒至棕褐色。

4 放入洋葱和蘑菇，翻炒至变软。

5 放入海带水，一边煮一边把浮沫用勺子撇出。

6 放入咖喱块、咖喱粉、鲣鱼昆布汁、牛奶，调至小火煮到汤黏稠为止。

7 另起一锅烧水，水沸腾后下乌冬面，焯一下后用过滤网勺沥干水。

8 把乌冬面盛到碗里，浇上6的浓汤，撒上切碎的小葱和胡椒粉。

俄式牛肉盖饭

2人份

蘑菇	6个	蒜末	1小勺
青甜椒	1个	面粉	1大勺
红甜椒	1/2 个	水	2杯
洋葱	1/3个	林氏盖饭*调料块	$2\frac{1}{2}$块
牛里脊	250g	盐、胡椒粉	各少许
黄油、红酒、A1牛排酱（见p.150）		米饭	2碗（400g）
	各2大勺	鲜奶油	2大勺

*林氏盖饭（ハヤシライ
ス），即日式牛肉烩饭。

①蘑菇切成厚片。青甜椒和红甜椒去籽后切成粗丝，洋葱也切成相同大小。

②将牛里脊放在厨用纸巾上吸干血水，再用刀背敲打，然后也切成和切好的青甜椒相似的粗丝。

③烧热的锅中放入1/2大勺黄油，先放入蒜末爆香，接着放入蘑菇、青甜椒、洋葱、红甜椒，用中大火煸炒几下后盛入盘中。

④在③用过的锅中放入1/2大勺黄油，熔化后用中大火将牛里脊炒至变色断生，倒入红酒，煮至酒香和肉香的混合香味飘出时即可盛出。

⑤在烧热的汤锅中放入1大勺黄油，熔化后放入面粉，用小火炒2分钟。

⑥在⑤的锅中加入炒好的蔬菜、牛里脊、A1牛排酱，轻轻搅拌后加入水继续煮。

⑦将蔬菜和牛里脊煮熟后关火，放入林氏盖饭调料块，搅拌使其充分溶化，再开中小火煮10分钟至汤汁浓稠，最后加入盐和胡椒粉。

⑧将热腾腾的米饭盛入碗中，放上⑦的材料和鲜奶油。

007 蒜片炒饭

大蒜	7瓣
水芹	4根
小葱	1根
食用油	1 $\frac{1}{2}$ 大勺
米饭	1 $\frac{1}{2}$ 碗（300g）
辣椒油、酱油	各1小勺
盐、胡椒粉	各少许

1. 将大蒜切成薄片，放入热水中泡10分钟去除辣味，再放在厨用纸巾上吸干表面的水。

2. 去除水芹的叶，只将茎的部分切碎，然后将小葱也切碎。

3. 在烧热的锅中放入食用油，然后放入蒜片煸炒。

4. 在 3 的锅中再放入米饭、辣椒油、酱油一起翻炒。

5. 待米饭炒至粒粒分明且有光泽时放入盐、胡椒粉调味，关火放入 2 的水芹和小葱轻轻搅拌。

牛外脊	4块（300g）	平菇	100g
盐、胡椒粉	各少许	大葱葱白	1根
杏鲍菇	1个	葡萄籽油	1/2 大勺
香菇	2个	黄油	1小勺

炒菇拌烤牛外脊 ○○8

2人份

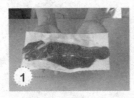

1

将牛外脊放在厨用纸巾上吸干血水，再用盐、胡椒粉腌一下。

2

将杏鲍菇沿纵向切成厚片，香菇去根后从菌盖中间切开。平菇撕成一缕一缕的，大葱葱白切成5cm长的段。

3

烧热的锅中倒入葡萄籽油，将处理过的菇类和大葱葱白放入，中火煸炒。

4

在**3**的锅中加入黄油，轻轻搅拌，最后放盐和胡椒粉提味儿后盛出。

5

在**4**用过的锅中放入**1**的牛肉，双面煎好后盛出，切成吃起来方便的大小，和烹制好的菇类和大葱葱白搭配食用。

009

酥炸
糯米牛肉沙拉

2人份

大葱葱白	2根	盐、胡椒粉各少许	
青紫苏叶	1/2捆	<沙拉酱> 酱油2大勺，水、砂糖、	
沙拉蔬菜（可用嫩生菜、紫包菜等）		韩式黄芥末酱（见p.151）、芝麻	
	2 1/2杯	盐、食醋各1大勺，蒜末1/2小勺	
牛眼肉（或牛上脑。涮锅用）	150g	糯米粉	5大勺
<腌肉料> 蒜末、芝麻油各1/2小勺		油炸用油	适量

将大葱葱白切成5cm长的
段，再纵向从中间切开，去除
里边的芯后切成细丝，放冷
水中浸泡使其显得更新鲜，
再用过滤网勺沥干水。

将青紫苏叶和沙拉蔬菜洗干
净后沥干水，撕成一口一个的
大小。

将牛眼肉放在厨用纸巾上吸
干血水，等分成3或4块，加
入腌肉料的所有材料，拌匀
腌制。

将沙拉酱的所有材料搅拌均
匀。

把糯米粉和3的牛眼肉放入
保鲜袋中用力摇晃，以使牛眼
肉全部均匀挂上糯米粉。

将5的牛眼肉放在170~190℃
的油炸用油中炸至酥脆。

将沙拉蔬菜和青紫苏叶盛到
盘里，放上炸好的糯米牛肉
和葱丝，最后浇上沙拉酱。

越南牛肉
河粉

2人份

011

腌洋葱

<肉汤料>	牛前胸肉（修清）400g，	绿豆芽	2杯（80g）
	海带水（见p.151）1$^1/_2$L，大蒜3	青阳辣椒**	1个
	或4瓣，生姜2小块，洋葱1/4个，	越南河粉酱汁（见p.150）	1小勺
	大葱 1/2根，胡椒粒1大勺	细盐	1$^1/_2$小勺
	腌洋葱(做法见本页"011腌洋葱") 适量	泰式香甜辣椒酱（见p.151）、海鲜酱	
	越南河粉*（煮汤用，直径1mm） 140g	（见p.150）	各适量

* 越南河粉，是越南一种代表性美食，也称越南河或越南粉。以大米制成，外形、制法与潮汕、闽南地区的河粉或粿条类似。可在进口超市或网店买到干的越南河粉。

** 青阳辣椒，韩国特有的一种辣度很高的小个头青辣椒，可用其他足够辣的辣椒代替。

1 将牛前胸肉泡在冷水中2~3小时以去除血水。

2 在汤锅中倒入牛前胸肉和肉汤料的其他材料，用中大火煮40分钟至1小时。将肉汤用过滤网勺过筛备用，然后只把肉捡至盘中凉一下。

3 准备好1L肉汤，并把肉切成薄片。

4 越南河粉放入冷水中泡30分钟直到泡涨。绿豆芽择好洗净。青阳辣椒斜着切成细丝。

5 将肉汤加热并用越南河粉酱汁和细盐提味儿。

6 把越南河粉放入沸水中煮熟并捞在碗里，倒上 **5** 的肉汤。

7 加入绿豆芽和薄肉片。腌洋葱、青阳辣椒可另放入小盘中，根据个人口味酌量加入碗中。泰式香甜辣椒酱、海鲜酱放入小碟中，可用肉片蘸食，亦可酌量加入碗中。

洋葱	1个
水	1杯
糙米醋（可用普通醋代替）	1/4杯
砂糖	2大勺
盐	2/3小勺

1 将洋葱切成厚约0.3cm的环状的片。

2 将洋葱和其他材料一起放入碗中，腌制最少2小时。

012 ●

2人份

牛五花
萝卜饭

013 山蒜调味酱

粳米	1 1/2杯
白萝卜	200g
牛五花	100g

海带水（见p.151）	1 1/4杯
<腌肉料>	酱油1小勺，蒜末、芝麻油各 1/2 小勺，胡椒粉少许

粳米洗干净在冷水中泡30分钟，用过滤网勺沥干水。

白萝卜削皮切成粗条。牛五花等分成3或4块，加入腌肉料的所有材料，拌匀腌制。

在汤锅里放入泡过的粳米、海带水、白萝卜、牛五花，盖上锅盖用大火煮。

汤锅中冒出蒸汽后转小火，再煮10分钟关火。用勺子轻轻地搅拌米饭后盖上锅盖闷5分钟即可。

山蒜*	1/4捆
酱油	3大勺
辣椒粉、芝麻油	各2小勺
芝麻盐	1/4小勺
砂糖	1/4小勺

1 将山蒜洗干净后沥干水，切碎。

2 将山蒜和其他材料拌在一起制成调味酱。

* 山蒜，又名小根蒜、泽蒜，叶绿色、细长呈管状，鳞茎白色如枣大，一般食用其嫩叶和鳞茎部。

1

洋葱切粗丝，再将青甜椒去籽也切粗丝。

2

将牛肉放在厨用纸巾上吸干血水，切成3或4等份放入碗中，接着加入1/2大勺橄榄油、蒜末、盐、胡椒粉搅拌均匀。

3

用面包刀在法式长棍面包上纵向划一个深深的口子，在内面均匀涂抹旗牌古典黄芥末酱。

4

在烧热的锅中放入剩下的橄榄油，再放入洋葱和青甜椒用大火炒熟，盛到盘子里。

洋葱	1/3个	蒜末	1小勺
青甜椒	1/2 个	盐、胡椒粉	各少许
牛肉（涮锅用）	150g	法式长棍面包	1个（24cm）
橄榄油、旗牌古典黄芥末酱（见p.150）		碎马苏里拉干酪（mozzarella）	1杯
	各1大勺	切达干酪（cheddar）	2片

牛肉
干酪三明治

014

2人份

015 姜汁无酒精饮料

冰块	10个
生姜蜂蜜茶*、柠檬汁	各4大勺
气泡水	1杯

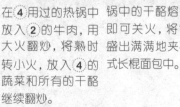

5

在 ④ 用过的热锅中放入 ② 的牛肉，用大火翻炒，将熟时转小火，放入 ④ 的蔬菜和所有的干酪继续翻炒。

6

锅中的干酪熔化后即可关火，将食物盛出满满地夹在法式长棍面包中。

1 — 将冰块放入保鲜袋中，用棒子大力敲碎。

2 — 将生姜蜂蜜茶和柠檬汁混合在一起并搅拌均匀。

3 — 将敲碎的冰块加入 **2** 的液体中，再倒入气泡水，搅拌均匀即可。

* 生姜蜂蜜茶为韩国常见的市售瓶装茶饮，可在大型超市或网店购买。

TESTED RECIPE by la cuisine meat

2人份

辣椒牛肉堡

016

牛肉馅	200g	蒜末	1/2 大勺
盐、胡椒粉	各少许	<酱汁>	番茄意面酱（见p.151）4大勺,
洋葱	1/4个		调味番茄酱（见p.150）$2^1/_2$大勺, 塔
青辣椒	2个		巴斯科辣椒酱（见p.151）1小勺, 酱
汉堡面包	2个		油 1/2 小勺, 盐少许
食用油	1大勺	切片奶酪	2片

将牛肉馅放到厨用纸巾上吸干血水，放入盐、胡椒粉稍腌一下。将洋葱切碎，再将青辣椒去籽后切碎。

锅烧热不放油，将汉堡面包的内面放在锅中焙烤后拿出。

在 2 烧热的锅中倒入1/2 大勺食用油，放入洋葱和青辣椒，炒至稍变软仍鲜脆时即盛到盘中。

在 3 的锅中倒入剩下的食用油，爆香蒜末，同时放入牛肉馅用锅铲一边捣散一边翻炒。

牛肉馅炒熟后将 3 的蔬菜和酱汁的所有材料全部倒入锅中，以中大火翻炒并搅拌使其充分混合。

在汉堡面包里放入切片奶酪，并夹入 5 的食材。

017　炸薯条

土豆	2个
盐、胡椒粉	各少许
油炸用油	适量

1　土豆削皮后切长条。水烧开后放入盐，放入土豆焯一下，用过滤网勺沥干水。

2　将土豆放入加热至170~180℃的油炸用油中，炸两次至酥脆，捞出沥油，撒上盐和胡椒粉。

018

微辣
奶油意大利面

2人份

大蒜	2瓣	粗盐	适量
蘑菇	3个	意大利面	140g
香菇	2个	橄榄油	$1\frac{1}{2}$大勺
青阳辣椒（见p.29）	1个	白葡萄酒	2大勺
牛里脊	150g	鲜奶油	2杯
盐、胡椒粉	各少许	帕玛森干酪（Parmasan）粉	3大勺

1 大蒜切片，香菇去根后切成厚片，蘑菇切成厚片，青阳辣椒则切成薄圈。

2 将牛里脊放在厨用纸巾上吸干血水，切成边长约2.5cm的方块，然后用盐、胡椒粉稍微腌一下。

3 锅中加水，烧开后放入粗盐，然后放入意大利面，煮熟后捞出。

4 往烧热的锅中倒入橄榄油，放入大蒜用中小火炒至香味散出。

5 接着将 2 腌制好的牛里脊也放入锅中，用中大火一边炒一边倒入白葡萄酒，当酒味飘出后即可关火盛出食材。

6 5 的锅里放入蘑菇和香菇，轻轻地翻炒后放盐和胡椒粉提味儿。

7 接着放入鲜奶油和 5 的牛里脊，用中火煮至汤汁黏稠，放盐和胡椒粉提味儿。

8 放入煮好的意大利面，搅拌使汤汁附着在所有面条上，再稍微煮一会儿。

9 放入青阳辣椒，轻轻搅拌后盛到盘子中，撒上帕玛森干酪粉。

黑胡椒奶油牛排

2人份

牛里脊（牛排用）	2块（300g）	盐	少许
黑胡椒粒	$1^1/_2$大勺	<奶油酱>	鲜奶油1杯，A1牛排酱
橄榄油、黄油	各1大勺	（见p.150）2小勺，盐少许	

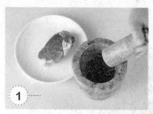

料理前1小时把牛里脊放到常温环境中，黑胡椒粒放到石臼里捣碎。

1 的牛里脊用橄榄油和盐稍微腌一下，将捣碎的黑胡椒粒密密麻麻地涂抹在牛里脊正反两面。

黄油放入烧热的锅中熔化，放入牛里脊，先煎正面，煎好后翻面煎反面，共需4~6分钟，完成后取出用锡箔纸包好。

3 的热锅中放入奶油酱的所有材料，用小火煮至浓稠后放盐提味儿。

把 **3** 的牛里脊从锡箔纸中拿出放在盘中，再淋上 **4** 的酱汁。

土豆	2/3个
胡萝卜	1/4个
西葫芦	1/5个
黄油	1大勺
盐、胡椒粉	各少许

1 土豆、胡萝卜、西葫芦切成长约5cm的粗条。

2 在煮沸的水中放入少许盐，将土豆、胡萝卜和西葫芦焯一下后捞出，用过滤网勺沥干水。

3 黄油放入烧热的锅中熔化，放入焯好的土豆、胡萝卜和西葫芦，用中火炒熟，放盐和胡椒粉提味儿。

O21

炒牛肉
番茄沙拉

2人份

牛肉馅	100g	食用油	1/2 小勺
盐、胡椒粉	各少许	<沙拉酱> 酱油、意大利香脂醋（见	
番茄（小个的）	2个	p.151）、葡萄籽油各$1\frac{1}{2}$大勺，	
青辣椒	1个	蒜末1/2 小勺，胡椒粉少许	
洋葱	1/4个		

1 牛肉馅放到厨用纸巾上吸干血水，用盐和胡椒粉稍微腌一下。

2 番茄的皮上划出一个十字口，放入滚烫的热水中煮10~15秒，然后直接放入冷开水中泡一会儿，拿出即可轻松剥皮。

3 青辣椒4等分，去籽切碎。

4 洋葱切碎，放在网目密一些的过滤网勺中浸泡于冷水中，去其辣味后沥干水。

5 烧热的锅中倒入食用油，放入牛肉馅炒熟后盛盘，待变凉后与青辣椒、洋葱拌在一起。

6 用刀将 **2** 中划的十字口切深一些，并用手辅助把口子拉开。

7 把番茄放在盘中，将 **5** 的食材先舀到番茄的十字口中，剩余的撒在番茄的周围，接着均匀地淋上拌匀的沙拉酱。

023 清爽双色包菜沙拉

2人份

022 马苏里拉
干酪牛肉卷

牛外脊（片状）	8片（250g）	食用油	1小勺
盐、胡椒粉	各少许	切碎的欧芹	1大勺
马苏里拉干酪（mozzarella）	100g	面粉	2大勺
小葱	6~8根	面包糠	2/3杯
培根	2片	油炸用油	适量
鸡蛋	1个		

1 牛外脊用盐和胡椒粉稍微腌一下。

2 马苏里拉干酪切成截面约1cm见方的长条，长度同牛外脊宽度。小葱切碎。培根切成细丝。鸡蛋均匀搅拌成蛋液。

3 烧热的锅中倒入食用油，放入培根炒至焦脆，然后放在厨用纸巾上把油吸掉，放凉待用。

4 在碗中放入小葱、切碎的欧芹、培根和胡椒粉，搅拌均匀。

5 在**1**的牛外脊上放上马苏里拉干酪和**4**的食材后卷好。

6 在牛肉卷的表面裹上薄薄的一层面粉，再裹上蛋液，最后裹上一层面包糠。

7 将**6**的肉卷放入180℃的油炸用油中炸至焦脆。

包菜叶	5片
紫包菜叶	2片

<调味酱> 橄榄油 3大勺，意大利香脂醋（见p.151）、蛋黄酱（见p.150）各2大勺，砂糖2小勺，苹果2块（边长约2cm），洋葱1块（边长约3cm）

1 将所有菜叶切成细丝，放入冰水中以维持新鲜度及清脆口感，而后用过滤网勺沥干水。

2 把调味酱的所有材料放入榨汁机中绞碎，再和**1**的食材拌在一起。

024

韩式香辣
小寿司

2人份

牛肉馅	100g

<腌肉料> 蒜末、砂糖、韩式料酒（见p.151）各1小勺，芝麻盐、芝麻油各1/2小勺，胡椒粉少许

<香辣酱> 韩式辣椒酱$1\frac{1}{2}$大勺，辣椒粉、麦芽糖稀各1小勺

<米饭调料> 芝麻油、白芝麻各1小勺，细盐1/2小勺

米饭	2碗（400g）
酱油泡椒*	3个

烤紫菜（寿司用）	2片

*指以酱油腌制的泡椒。

1 牛肉馅放在厨用纸巾上吸干血水，加入腌肉料的所有材料，拌匀腌制。

2 酱油泡椒放在厨用纸巾上吸干水，切碎。

3 将 **1** 的牛肉馅放入烧热的锅中，把团在一起的肉捣散，用中火翻炒后放入香辣酱的所有材料，炒至酱汁收干发出吱吱响声时盛入盘中放凉。

4 在热腾腾的米饭中放入米饭调料的所有材料，拌匀后放凉。

5 用剪刀把每片烤紫菜4等分。

6 在烤紫菜上放上 **4** 的米饭并薄薄地摊平，再铺上 **3** 的牛肉馅和 **2** 的酱油泡椒，将烤紫菜卷成卷儿，切成一口一个的大小。

025

坚果菜包饭

迷你牛肉煎饼

2人份

026

粗盐	少许	细盐	1/2 小勺
包饭用蔬菜（可选生菜或青紫苏叶）	12片	<包饭酱>	韩式大酱（见p.150）2大
米饭	2碗（400g）		勺，核桃碎、松子碎各1大勺，韩
白芝麻、黑芝麻	各1小勺		式辣椒酱、低聚糖（见p.151）*、
芝麻油	1/2 大勺		芝麻油、芝麻盐各1小勺

025 材料

1 — 煮沸的水中放入粗盐，将包饭用蔬菜放入稍稍焯一下，之后在冷水中浸泡降温，捞起后用厨用纸巾吸干水。

2 — 在热腾腾的米饭上放上白芝麻、黑芝麻、芝麻油、细盐，搅拌均匀。

3 — 把包饭酱的所有材料搅拌均匀。

4 — 将米饭团成一口一个大小的饭团，涂上已混合均匀的包饭酱，用 1 的包饭用蔬菜包起来。

* 低聚糖（oligosaccharide），又称寡糖，具有类似水溶性膳食纤维的功能，能促进肠蠕动，改善便秘。

026 材料

大葱葱白	1/2 根
牛肉（涮锅用）	200g
<调味酱>	酱油、砂糖、蒜末各2小勺，蚝油、芝麻油各1小勺，白芝麻1/2 小勺，胡椒粉少许
食用油	少许

大葱葱白切碎。

牛肉放在厨用纸巾上吸干血水，等分成3或4块。

将调味酱的所有材料拌匀，再放入牛肉和切碎了的大葱葱白，搅拌均匀。

烧热的锅中倒入食用油，将 3 的食材捏成一口一个大小的圆饼后摊在锅中，用中大火将正反面都煎熟。

027

韩式香辣
牛肉汤刀削面

2人份

牛腩（做汤用）	250g
食用油	1小勺
海带水（见p.151）	8杯
焯过的蕨菜	60g
黄豆芽	70g
大葱	1根

<调味酱> 辣椒粉2大勺，汤用酱油（见p.151）、蒜末各1$1/2$大勺，韩式辣椒酱、芝麻油、清酒各1大勺，胡椒粉少许

| 盐 | 少许 |
| 刀削面 | 250g |

1
牛腩放在厨用纸巾上吸干血水。烧热的汤锅里倒入食用油，用中大火把牛腩炒至变色断生。

2
将海带水倒进锅中，用中火煮10~15分钟，至表面起气泡时即可关火。

3
焯过的蕨菜对半切开，黄豆芽择好洗净，大葱切成4cm长的段后纵向对半切开。

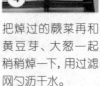

4
把焯过的蕨菜再和黄豆芽、大葱一起稍稍焯一下，用过滤网勺沥干水。

5
再把**2**的肉汤烧滚，放入**4**的蔬菜，煮约5分钟后加入调味酱的所有材料，再煮5分钟后放盐提味儿，即完成牛肉汤。

6
烧水滚沸后放入刀削面，煮熟后在过滤网勺中沥干水，盛入碗中浇上**5**的牛肉汤。

牛五花
大酱汤

2人份

绿皮密生西葫芦*	1/6个	勺，辣椒粉 1/2 小勺	
包菜叶	2片	芝麻油	1小勺
平菇	35g	牛五花	100g
青辣椒、青阳辣椒（见p.29）	各1个	海带水（见p.151）	1¹⁄₂杯
<大酱汤调味料>	韩式大酱（见	蒜末	1¹⁄₂小勺
p.150）2大勺，韩式辣椒酱1小			

* 绿皮密生西葫芦也叫意大利瓜，外皮墨绿色，身形较修长。若无，可用常见的西葫芦品种
代替。

绿皮密生西葫芦切成厚约0.7cm的圆片，再等分成4块，包菜叶切成同样大小。

平菇去根后撕成一缕一缕的，青辣椒和青阳辣椒斜切成圈。

把大酱汤调味料的所有材料拌匀。

在汤锅里放入芝麻油，放入牛五花炒到八九成熟的程度。

放入包菜叶，翻炒至半熟时放入大酱汤调味料的所有材料，再炒约30秒。

倒入海带水，煮滚后放入绿皮密生西葫芦滚煮一会儿。

放入平菇和蒜末，煮熟后放入青辣椒和青阳辣椒，稍煮一下即可关火。

土豆（中等大小）	1个
大米、海带水（见p.151）	各$1\frac{1}{2}$杯
黄米*	1/4杯
盐	少许

*黄米是去了壳的黍子的籽实，比小米稍大，颜色很黄，煮熟后很黏。

029 黄米土豆饭

1 土豆削皮等分成6~8块，大米洗净后在水中浸泡30分钟。

2 黄米多淘洗几遍后在水中浸泡至少1小时。

3 泡好的大米和黄米都用过滤网勺沥干水。

4 大米、黄米、土豆、海带水放入汤锅中，再加入盐调味。

5 盖上锅盖用大火煮，当有蒸汽冒出时转小火，再煮10分钟后关火。

6 用饭勺把米饭轻轻地拌一下，再盖上锅盖闷5分钟即可。

茼蒿	1捆（250g）
豆腐	1/3 块
盐	少许
芝麻盐	1大勺
芝麻油	2小勺
汤用酱油（见p.151）、盐	各1/2 小勺

○3○　茼蒿拌豆腐

1　将茼蒿的黄叶子摘除后洗净。豆腐放在厨用纸巾上吸干水，用刀背捣碎。

2　煮沸的水中放入少许盐，茼蒿依照先根茎部位再叶子部位的顺序入水稍稍焯一下，捞出浸在冷水中，然后沥干水。

3　将焯好的茼蒿每根切成2或3段，并把根茎粗的部分纵向从中间切开。

4　把茼蒿和豆腐盛放到碗中，放入芝麻盐、芝麻油、汤用酱油、1/2 小勺盐，均匀拌好。

牛肉松
三色醋味饭

2人份

牛肉馅	100g	<混合醋>	食醋3大勺，砂糖2大勺，
<腌肉料>	酱油2小勺，砂糖、蒜末		盐 $1^1/_2$ 小勺
	各1小勺，芝麻油、韩式料酒（见	米饭	2碗（400g）
	p.151）各1/2小勺，胡椒粉少许	白芝麻、黑芝麻	各1小勺
黄瓜	1/2根	<鸡蛋松>	鸡蛋2个，韩式料酒（见
盐	1/4小勺		p.151）1/2小勺，盐少许
		食用油	少许

牛肉馅和腌肉料的所有材料一起抓拌均匀，腌一会儿。

黄瓜切成薄片，加入盐腌5分钟，在水中漂洗后把水挤干。

汤锅里放入混合醋的所有材料，待砂糖溶化即可关火凉一下。

在热腾腾的米饭上倒入 3 的混合醋和白芝麻、黑芝麻，用木饭勺搅拌均匀，然后用湿棉布盖住碗口。

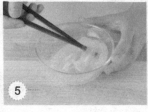

将鸡蛋松的所有材料放入碗中，搅拌均匀。

烧热的锅中倒入食用油，将 5 的食材在锅中摊开，先用筷子将其撕成4份，然后再边翻炒边铲碎，炒好后盛入碗中凉一下。

用厨用纸巾把 6 的锅擦干净后烧热，放入 1 的牛肉馅，用中小火炒至水收干，盛出凉一下。

将 7 的肉放在搅拌机里绞碎，再次放入锅中，翻炒至水完全收干，牛肉松就做成了。

将 4 的醋饭盛到食器里，撒上鸡蛋松、牛肉松、腌黄瓜即可。

o32
● 海带拌黄瓜

o33
● 黑豆糙米饭

材料

干海带	8g（或泡好的海带120g）	<凉拌料>	食醋 $1^1/_2$ 大勺，砂糖
盐	少许		1/2 大勺，汤用酱油（见p.151）、
小黄瓜	1/2 个		蒜末各1小勺，白芝麻1/2小
			勺，细盐1/4小勺，芝麻油少许

1　干海带放入冷水里充分浸泡至变软，然后放入煮沸的放了少许盐的水中稍稍焯一下，接着放到冷水中漂洗后挤干水。

2　小黄瓜纵向对半切开，然后再横切成薄片。

3　将海带、小黄瓜、凉拌料的所有材料均匀地拌在一起。

黑豆	1/4杯
糙米	$1\frac{1}{2}$杯
水	$1\frac{3}{4}$杯（350mL）

① 用水把黑豆和糙米洗干净，分别放在冷水中泡约半天。

② 将泡好的黑豆和糙米分别放在过滤网勺里沥干水。在高压锅中添入适当的水，将二者一起放入，盖上盖子用大火煮。

③ 有蒸汽冒出时转中小火，再煮10分钟后关火，然后闷5分钟。

④ 高压锅冒汽结束后打开盖子，用饭勺搅拌。

○34

牛肉炖土豆

2人份

土豆	$1\frac{1}{2}$个
洋葱（小一点的）	1/2个
牛肉（烤肉用）	150g
<炖料> 酱油$2\frac{2}{3}$大勺，韩式料酒（见p.151）$2\frac{1}{2}$大勺，清酒$1\frac{1}{2}$大勺，砂糖2小勺，胡椒粉少许	
食用油	1小勺
海带水（见p.151）	2杯

① 土豆削皮切成8等份，洋葱切成大片。

② 牛肉放在厨用纸巾上吸干血水，切成2或3等份。炖料的所有材料搅拌均匀。碗中倒入牛肉和1/3的炖料一起搅拌均匀。

③ 烧热的锅里倒入食用油，放入土豆翻炒，再加入海带水和剩下的炖料，一起用中火炖。

④ 土豆将熟时转小火，放入②的牛肉和洋葱一起炖，这期间用饭勺轻轻地翻拌食材，但注意不要将食材翻烂。

035

牛肉芦笋盖饭

2人份

芦笋	6根	1/3小勺，砂糖1/4小勺，胡椒粉
盐、胡椒粉	各少量	少许
牛肉丝（可选牛腱子或牛大腿肉） 150g		荧粉、芝麻油 各1/2 小勺
<调味汁> 水1大勺，清酒1/2 大勺，		食用油 1/2 大勺
蚝油2小勺，蒜末1/2 小勺，酱油		米饭 2碗（400g）

芦笋去掉根部，用去皮器把表面的硬皮仔细削去。

芦笋轻轻焯一下，捞出放到冷水里浸泡，再用厨用纸巾把水擦干，斜切成长条。

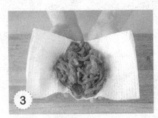

牛肉丝放到厨用纸巾上吸干血水，调味汁的所有材料均匀地拌好。

将牛肉丝与1/3的调味汁和荧粉一起拌好。

烧热的锅里倒入食用油，放入4的牛肉丝翻炒至将熟，放入芦笋和剩下的调味汁，用中大火轻轻翻炒。

放入盐、胡椒粉提味儿，倒入芝麻油并稍拌一下，关火，将这些食材浇在米饭上。

2人份

韩式牛肉
煎饼

o36

by la cuisine
meat
TESTED RECIPE

o37

韩式辣萝卜炒饭

牛肉馅	160g	鸡蛋	2个
豆腐	1/6块（60g）	面粉	3大勺
<调味料> 葱末4大勺，蒜末1小勺， 芝麻盐、芝麻油各1/2小勺，盐 1/3小勺，砂糖1/4小勺，胡椒粉 少许		食用油	适量
		<蘸汁> 酱油、食醋各1大勺，砂糖 1/4小勺	

牛肉馅放在厨用纸巾上吸干血水，用刀背将豆腐捣碎后用棉布包着挤干水。

牛肉馅和豆腐、调味料的所有材料都放在碗里，均匀地搅拌直至和成肉泥。

将和好的肉泥等分成10份，捏成如图所示的小圆饼状。鸡蛋打在碗里充分搅拌成蛋液。

把 **3** 的饼状肉丸裹上面粉和蛋液，烧热的锅中倒入食用油，用中火翻面煎烤直至双面焦黄。蘸汁的所有材料拌匀搭配食用。

韩式辣萝卜泡菜	1杯
食用油	1大勺
黄油、韩式辣椒酱	各1/2大勺
泡菜汁	5大勺
砂糖、盐、碎烤紫菜	各少许
米饭	2碗（400g）
芝麻油	1小勺
白芝麻	1/2小勺

1 韩式辣萝卜泡菜切成边长约0.5cm的方块。

2 烧热的锅中倒入食用油和黄油，放入韩式辣萝卜泡菜用中火炒。

3 炒熟后放入泡菜汁、韩式辣椒酱、砂糖和米饭，炒至米饭粒粒分明。

4 用盐提味儿后放入芝麻油和白芝麻，盛到碗中撒上碎烤紫菜。

o38
● 草莓奶昔

冷冻草莓	3/4杯
牛奶	1/2 杯
香草冰淇淋	$1^1/_2$杯
炼乳	2大勺
砂糖	1小勺

1. 冷冻草莓和牛奶放入榨汁机里榨汁。

2. 再加入其他材料，轻轻搅拌后倒入杯中。

o39

黄金咖喱肉包

12个

<面团>		蒜末	1小勺
温水200g，市售面包预拌粉1袋		水	2杯
洋葱	1个（250g）	咖喱块	$1^{1/3}$块
胡萝卜	1/6个（40g）	速溶咖喱粉	1小勺
土豆	2/3个（150g）	**<油炸脆皮>** 鸡蛋1个，牛奶3大勺，	
橄榄油	1大勺	面包糠1杯	
牛肉馅	200g	油炸用油	适量
酵母粉	适量		

1 在温水中放入少量面包预拌粉，再放入酵母粉搅拌均匀。

2 把剩余面包预拌粉全放入 **1** 的碗中，用饭勺大力搅拌直至看不到干粉。

3 将 **2** 的面糊和成面团，用手掌持续用力揉面团5~6分钟，直至面团筋道有弹性，放到盆中并蒙上保鲜膜。

4 烤盘里倒入热水，架上烤网，把 **3** 的盆放在网上，将烤盘设定到40℃，30分钟后第一次发酵便完成了。

5 洋葱切成边长约1cm的方片，胡萝卜和土豆也切成和洋葱差不多大小的薄片。

6 烧热的锅中放入橄榄油，用中火把牛肉馅完全炒熟，再放入蒜末、洋葱、胡萝卜、土豆炒至变软。

7 倒入水，煮到开始起气泡后放入咖喱块和速溶咖喱粉，煮至汤汁收干后关火凉一下。

8 将 **4** 的第一次发酵已完成的面团等分成12个小面团，用湿棉布盖上醒面10分钟。

9 把 **8** 的小面团用擀面杖擀成椭圆形，再把 **7** 的肉馅填进去，包成半月形。

10 将油炸脆皮的鸡蛋打散后加入牛奶拌匀。把 **9** 的食材挂上拌匀的蛋奶糊，再撒上面包糠，用和 **4** 中一样的方法进行第二次发酵，时间为20~25分钟。

11 将 **10** 的食材放在预热至110℃的油炸用油中，炸至两面金黄，取出放在滤油网上。

做猪肉料理前的须知

不同部位的特征

猪里脊（腰内肉）

猪里脊是猪肉中最柔软的部分，脂肪含量少、热量低且口味清淡，适用于很多料理。但应注意若煮得过熟则会肉质干涩、不易咀嚼、原味丧失，就不好吃了。

· 酱肉，炸猪排，猪排

猪外脊（大里脊）

猪外脊俗称大里脊，虽然被厚厚的表皮脂肪层包裹着，但脂肪层下的瘦肉部分则脂肪很少，其肉质软嫩且形状和纹理工整，所以适合做多种料理。而剔除大块瘦肉后得到的背肋排（指与猪外脊大块瘦肉连在一起的靠近脊椎的那一小段肋排，常称为back ribs），适合烧烤或炖汤。

· 烤，炸猪排，咖喱，猪排，凉拌菜，汤锅类，BBQ（烧烤）

猪上肩肉（梅花肉）

上肩肉有与五花肉相似的好看纹理，细细嚼起来比软嫩的五花肉更有嚼劲。如果不喜欢五花肉的肥腻，就可以用脂肪较少的上肩肉来代替，因为二者味道几乎是相同的。

· 烤，炸猪排，韩式烤肉料理，汤锅类，白水煮肉

猪五花肉

猪五花肉的瘦肉和脂肪层层相间、分布均匀，带来松软的肉质和香浓的风味，是很受欢迎的部位。猪五花肉一般为三层肥瘦相间，若为五层肥瘦相间，则称为"五层塔"，五层塔一般带有肉皮，很有嚼劲。

· 烤，炖，炒，白水煮肉

猪排骨

与牛的相同部位相比油脂较少，且脂肪分布得很均匀，做熟后很有嚼劲且味道香浓。市场上销售的有剔除骨头的和带着骨头的两种形式。

· 酱烤，炖，BBQ

猪前、后腿肉

腿肉脂肪少，肉质有弹力，吃起来有嚼劲，味道好。即使长时间料理，肉质也依然保有弹性而不会变柴，而且味道依然香浓。多用来绞成肉馅或加工成火腿肠等肉制品。

· 汤锅类，白水煮肉，生菜包肉，炒

处理方法

冷冻猪肉应在料理前一天移至冷藏室，并在密封状态下慢慢解冻；如果没有时间，就将肉以不直接接触水的状态泡在冷水中解冻。如果是带骨猪肉或大块猪肉，需稍微在冷水中泡一下去除血水后再使用；如果是快炒用，可用流动的清水稍稍冲一冲，再放在厨用纸巾上将水吸干；如果是烧烤用，则直接用超市里买来的烧烤用猪肉味道最好。

储存方法

猪肉比牛肉水分含量更高，因此熟成时间短，也因此更易变质，所以应按需购买且最好一次吃完。的确需要储存时，则以料理时方便为原则先把肉处理一下，比如切块、分袋等，用保鲜膜或保鲜袋包好并把空气挤干净，放进冷冻室储藏，但时间不要超过6个月。

Q&A

Q 猪肉如果出现怪味怎么办？

A 猪肉的怪味可以用生姜、大蒜、大葱、酒等常见的食材去除。腌制、涂抹调料、焯或者煮时，把上述食材一起放进去就可以了。如果这样处理还是有怪味出现，再撒上些现磨胡椒粉或者洒上点梨汁就可以了。

Q 常见的猪肉加工品有哪些？

A

培根

培根是用五花肉或其他部位猪肉经盐渍、烟熏等加工而成的。培根有熏制至熟的和熏制后再煮熟的两种，从味道或外貌上比较都是熏制至熟的更好，表面呈生肉色；熏制后再煮熟的培根表面则呈粉色。

火腿肠和火腿

火腿肠一般选用猪后腿肉，用盐、橄榄油、蔬菜、香草等加工制成。传统的火腿一般是选用后腿肉进行整块的腌制，但近来使用的部位逐渐多样，风味、材料或外形也都变得多样起来。

煮猪蹄

将猪蹄洗干净后放入加有水的锅中，再放入大葱、大蒜、生姜、清酒等和猪蹄一起煮，煮至完全入味且汤汁散发出香味就煮好了。煮好的猪蹄吃起来清淡不腻，而且有嚼劲，味道极好。

040

猪肉蒸菜

2人份

041 黑芝麻盐
糙米饭

莲藕	1/2个（长10cm）	<调味酱> 芝麻盐3大勺，酱油2大
南瓜	1/4个	勺，味噌（见p.150）、砂糖、芝
牛蒡	1/3根（长20cm）	麻油、水各1大勺
包菜	1/8个	猪肉（涮锅用，片状） 200g

① 莲藕去皮，切成厚约0.4cm的圆片。南瓜去皮，切成同样大小的半圆片。牛蒡去皮，先横向等分成3段，再纵向4等分成长条。

② 包菜2或3等分切成大片，调味酱的所有材料搅拌均匀。

③ 猪肉切成食用方便的大小。

④ 在蒸笼里沿笼壁绕圈放上猪肉和处理好的蔬菜，上火蒸至冒出蒸汽后再蒸10~12分钟，搭配调味酱食用。

黑芝麻	3大勺
海盐	1/3小勺
糙米饭	2碗

① 烧热的锅中放入黑芝麻，用中小火炒熟，盛到碗中凉一下。

② 石臼里放入黑芝麻和海盐，春碎做成黑芝麻盐。

③ 把糙米饭盛入碗中，撒上黑芝麻盐。

042
猪肉大葱
味噌小炒

2人份

043 葡萄柚
鸡尾酒

大蒜	5瓣
大葱	3根
猪上肩肉（烤肉用）	200g
盐、胡椒粉	各少许

<味噌汁> 韩式料酒（见p.151）1大勺，味噌（见p.150）、酱油、黄油各1小勺，砂糖1/2 小勺

| 食用油 | 1/2 大勺 |

1 每瓣大蒜均2或3等分切成片，大葱斜切成长约1.5cm的段。

2 猪上肩肉切成4等份，加入盐和胡椒粉稍微腌制一下。味噌汁的所有材料拌匀。

3 烧热的锅中倒入食用油，放入猪上肩肉和大蒜，翻炒至食材两面微焦黄。

4 放入大葱翻炒至稍变软，倒入味噌汁再翻炒几下，然后关火撒上胡椒粉。

葡萄柚	1个
韩式烧酒（最好在冰箱放至冰凉）	
	1/2 杯
砂糖	2小勺
冰块	适量

1 葡萄柚榨成汁。

2 杯中放入葡萄柚汁、韩式烧酒、砂糖，搅拌均匀后放入冰块。

猪肉馅	300g
<腌肉料> 葱末3大勺，生姜汁1/2大勺，清酒1小勺，酱油1/2小勺，盐、胡椒粉各少许	
鸡蛋	1/2 个
芡粉	3大勺
油炸用油、甜辣椒酱（见p.151）	各适量

○44

油炸丸子

2人份

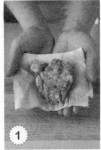

1

将猪肉馅放在厨用纸巾上吸干血水，再加入腌肉料的所有材料，拌匀腌制。

2

在1的食材中加入鸡蛋和芡粉搅拌均匀。

3

把2拌好的食材揉成直径为3cm的丸子。

4

把丸子放在160℃的油炸用油中炸，炸好后配着甜辣椒酱一起吃。

猪外脊	200g
<腌肉料>	清酒1大勺，盐、胡椒粉各少许
<油炸脆皮>	水3/4杯，糯米粉、芡粉各5大勺，食用油1大勺
油炸用油	适量
<调味汁>	水1/4杯，砂糖4大勺，食醋$2^{1}/_{2}$大勺，酱油1/2大勺，盐少许
<粉芡>	芡粉、水各1大勺

北京糖醋肉

2人份

○45

1

猪外脊切成厚约0.8cm的片，用刀背敲打使肉松软，再对半切开，加入腌肉料的所有材料，拌匀腌一下。

2

将油炸脆皮的所有材料搅拌均匀，放入腌好的猪外脊后再次拌匀。

3

把猪外脊放在180℃的油炸用油中炸至焦脆。

4

锅中放入调味汁的所有材料，煮至咕嘟咕嘟冒泡时，把预先拌好的粉芡一点一点倒入，待汤汁浓稠度合适时关火，浇在炸好的肉片上。

猪肉炸酱
炒乌冬面

2人份

大葱葱白	1根	食用油	1大勺
西葫芦、洋葱	各1/6个	<炸酱汁>	蒜末1/2大勺，姜末1小
杏鲍菇	1个		勺，炸酱粉、水各4大勺，砂糖2
猪五花肉	150g		小勺，胡椒粉少许
<腌肉料> 清酒1大勺，盐、胡椒粉		乌冬面	2袋（约400g）
各少许		芝麻油	1/2小勺

大葱葱白先切成长5cm的段，然后纵向对半切开，去除里边的芯后切成细丝，放入冷水中泡一下使其显得更新鲜，然后用过滤网勺沥干水。

西葫芦、洋葱、杏鲍菇切成细细的长条。

猪五花肉切条，加入腌肉料的所有材料，拌匀腌一下。

烧热的锅中倒入食用油，放入炸酱汁材料中的蒜末和姜末，用小火炒至香味飘出来，转大火翻炒猪五花肉。

猪五花肉变色断生后放入西葫芦、洋葱、杏鲍菇，大火继续翻炒。

转中火，放入剩下的炸酱汁材料，边煮边像炒菜一样翻动。

另起锅烧水，水滚沸后放入乌冬面，煮熟后用过滤网勺沥干水，然后放入 6 的酱汁中，用大火炒到入味，放芝麻油并关火。

把炒乌冬面盛到碗里，放入 1 的葱丝即可。

猪排三明治

猪里脊	300g	面粉	3大勺
<腌肉料> 白葡萄酒2大勺，蒜末1大		面包糠	1杯
勺，盐、胡椒粉各少许		油炸用油	适量
包菜丝	2杯	吐司	4片
鸡蛋	1个	蛋黄酱（见p.150）、猪排酱（见p.150）	
			各2大勺

用刀将猪里脊的筋和脂肪去掉，从中间横割成2个薄片。

用刀背轻轻敲打猪里脊，腌肉料的所有材料拌匀，将猪里脊放入腌制30分钟。

包菜丝在冷水中泡一泡使其显得更新鲜，用过滤网勺沥干水。鸡蛋打散搅拌成蛋液。

把 2 的猪里脊表面的腌肉料拂去，裹上面粉、蛋液、面包糠，放入预热至170℃的油炸用油中炸至焦脆，捞出沥油。

吐司放入烧热的锅中，翻面焙烤至双面焦黄。

将一片吐司涂上薄薄一层蛋黄酱，依次放上包菜丝、炸猪里脊、猪排酱，再盖上另一片吐司。可将做好的三明治再对半切开以方便食用。

048

中式煎包

16个

材料

白菜叶	4~5片	各1小勺，生姜末1/3小勺，胡椒	
粗盐	1/2 小勺	粉少许	
韭菜	1/4捆	<外皮面团> 市售糖饼预拌粉* 1袋，	
红薯粉条	40g	温水1杯	
猪肉馅	200g	食用油	1$\frac{1}{2}$大勺
<肉馅调料> 蚝油1大勺，清酒2/3大		水	3/4杯
勺，蒜末2小勺，芝麻油、酱油			

*糖饼预拌粉若买不到，可用高筋面粉400g加酵母粉8g代替。

白菜叶切碎，加入粗盐拌匀后腌制10分钟，再放入冷水中漂洗并挤干水。

韭菜切碎。红薯粉条用冷水泡至少30分钟，用过滤网勺沥干水后切短段。

碗中放入白菜叶、韭菜、红薯粉条、猪肉馅、肉馅调料的所有材料，搅拌均匀。

另取一碗，放入外皮面团的所有材料，和好后用保鲜膜封上，放在暖和的地方发酵30分钟。

发酵好的面团分成16等份，包入 3 的馅儿并团成扁球状。

烧热的锅中放入1/2 大勺食用油，一锅可以同时放入5或6个，用小火慢煎。

一面煎好后翻面，再倒入1/4杯水后立刻盖上锅盖，直到水几乎全部蒸发掉时打开锅盖，两面都煎至焦黄即可。

烤肉夏巴塔三明治

2人份

050 包菜胡萝卜沙拉

猪里脊	400g
<腌肉料> 生姜2小块，苹果汁、白葡萄酒各1/2杯，盐1小勺，胡椒粉少许	
食用油	少许

水	适量
市售牛排酱	9~10大勺
夏巴塔面包（ciabatta）	2个
蛋黄酱（见p.150）	$1^{1}/_{2}$大勺

 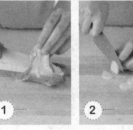   

① 用刀把猪里脊的脂肪去除，切成2或3等份。

② 生姜切成薄片。腌肉料的所有材料搅拌均匀，然后和猪里脊拌在一起，腌制4~5小时。

③ 烧热的锅中倒入食用油，放入腌好的猪里脊，用大火炒至表面微焦。

④ 锅里倒入②的腌肉汁，以及能淹没猪里脊的水，煮50~60分钟。

⑤ 把煮好的猪里脊捞出来凉一下，用手撕成丝。再另起热锅，放入猪里脊丝和牛排酱，用中火翻炒几下。

⑥ 每个夏巴塔面包横切成两片，放入烧热的锅中，只将内面烤至微焦黄。

⑦ 夏巴塔面包的内面涂上蛋黄酱，放上⑤的食材，两片面包夹起来即可。

包菜	1/8个（200g）
胡萝卜	1/10个
<沙拉酱> 蛋黄酱5大勺，洋葱末4大勺，食醋、砂糖各1大勺，旗牌古典黄芥末酱（见p.150）、盐各1/4小勺	

① 包菜和胡萝卜切成截面约0.2cm见方的丝。

② 沙拉酱的所有材料拌匀。

③ 包菜和胡萝卜中放入沙拉酱，搅拌均匀后放冰箱里冷藏。

051

肉丸
意大利面 2人份

猪肉馅、牛肉馅	各100g	盐、胡椒粉、粗盐	各少许
洋葱	1/6个	<番茄酱> 罐头去皮整番茄*（见p.150）	
胡萝卜	1/10个	3杯，洋葱末6大勺，蒜末1大勺，砂	
芹菜	1/2根	糖、盐各1/2小勺，胡椒粉适量	
橄榄油	2$\frac{2}{3}$大勺	意大利面	140g
蒜末	1小勺	帕玛森干酪（Parmasan）粉	
蛋液、面包糠	各1大勺		3大勺

*将煮好的番茄去皮后与番茄汁一起保存，可代替新鲜番茄使用。市场上有售罐头类产品。

1

做肉丸。

a 猪肉馅和牛肉馅分别放在厨用纸巾上吸干血水。

b 洋葱、胡萝卜、芹菜切碎。

c 烧热的锅中放入1/3大勺的橄榄油，放入洋葱、胡萝卜、芹菜、蒜末炒至水收干，盛到盘中凉一下。

d 在碗中放入两种肉馅和炒好的蔬菜、蛋液、面包糠、盐、胡椒粉，均匀地拌在一起。

e 把拌好的馅儿团成6个等大的直径4~5cm的圆球。

2 在烧热的锅中放入1/3大勺的橄榄油，把团好的肉丸放入，用小火煎至金黄。

3 用手动搅拌器把番茄酱材料中的罐头去皮整番茄打碎。

4 烧热的锅中放入2大勺橄榄油，再放入番茄酱材料中的洋葱末和蒜末，炒至变色发褐。

5 再放入 **3** 中打碎的罐头去皮整番茄，小火煮至浓稠后放入砂糖、盐、胡椒粉提味儿，即制成番茄酱。

6 在煮沸的水中放入粗盐和意大利面，煮熟后捞出。

7 **5** 的锅中放入 **2** 中煎好的肉丸，用小火煮至入味，再放入 **6** 的意大利面，搅拌均匀即可关火。盛到盘中，撒上帕玛森干酪粉和胡椒粉。

052

奶油包菜
肉卷

2人分

052 材料		
包菜叶		6片
肉丸（做法见p.81）		6个
面粉、黄油、食用油		各1大勺
牛奶		1杯
鲜奶油		$1\frac{1}{2}\sim2$杯
盐、胡椒粉		各少许

①在煮沸的水中放入盐，放入包菜叶稍焯一下。用过滤网勺捞出并沥干水，凉一下。

②将煮过的包菜叶摊平，每片包菜叶放上一个肉丸，先两侧向内折，再卷成瘦长形状的卷。

③面粉放在过滤网勺里轻轻摇晃，使漏下的面粉撒在包菜肉卷上。

④烧热的锅中倒入黄油和食用油，放入③的包菜肉卷，翻面煎至双面微焦黄。

⑤倒入牛奶，用小火煮至包菜肉卷的肉馅熟透，放入鲜奶油至适当的浓稠度，加盐和胡椒粉提味儿。

053 白萝卜辣椒泡菜

053 材料		
白萝卜		400g
青辣椒		5个
<腌渍汁>	水、苹果醋各1杯，砂糖	
	140g，细盐1大勺	

① 白萝卜切成条，长短粗细可随个人喜好。

② 青辣椒去籽，切成2cm长的段。

③ 汤锅中放入腌渍汁的所有材料，煮到砂糖完全溶化，关火凉一下。

④ 白萝卜和青辣椒放入密封容器里，倒入③的腌渍汁，在室温状态下放凉后放入冰箱冷藏。

○54 啤酒鸡尾酒

<table>
<tr><td rowspan="3">054
材料</td><td>柠檬汁</td><td>1/2 杯</td></tr>
<tr><td>蜂蜜</td><td>1/4 杯</td></tr>
<tr><td>冰啤酒</td><td>1瓶（500mL）</td></tr>
</table>

055 材料	白瓤红薯（中等大小）	1个
	牛奶	$1^1/_2$大勺
	砂糖	1/3小勺
	盐、胡椒粉、食用油	各少许
	肉丸（做法见p.81）	6个
	培根	6片

1 —— 将柠檬汁和蜂蜜搅拌均匀。

2 —— 再倒入冰啤酒搅拌均匀，装入玻璃杯中。

○55 培根红薯丸

2人份

1

白瓤红薯冷水入锅
煮，至水滚且红薯
变软后取出，去皮
后放入碗中，再加
入牛奶和砂糖，用
勺子按成泥，最后
放入盐和胡椒粉提
味儿。

2

烧热的锅中放入1
小勺食用油，放入
肉丸煎至表面微焦
黄，盛出凉一下。

3

红薯泥6等分，分别
擀成饼状，包入煎
好的肉丸并团成球
状。

4

用培根围着**3**的红
薯丸包一圈。

5

烧热的锅中倒入少
许食用油，放入**4**
的食材煎至焦黄。

罐头栗子	5个
西梅干	5个
完整的大杏仁*	10颗
培根	10片
食用油	少许

* 大杏仁指扁桃仁（almond），下同。

○56

栗子西梅
培根卷

2人份

1 罐头栗子放在过滤网勺里沥干水。尽量挑选大小差不多的使用。

2 用刀尖把西梅干从中间纵向划开但不切断，放入2个大杏仁后裹好。

3 每片培根上放一个栗子或一个 **2** 的西梅干，卷成卷。

4 烧热的锅中倒入食用油，放入 **3** 的食材煎至金黄，取出穿成串儿。

培根	6片
大蒜	9瓣
西兰花	$1\frac{1}{2}$个
食用油	$1\frac{1}{2}$大勺
盐、胡椒粉	各少许

培根
炒西兰花

2人份

057

1

2

3

4

培根切成边长约2cm的方片，大蒜切成片。

西兰花切成一口一个的大小，在烧开的水中放入盐，然后放入西兰花稍稍焯一下，接着放入冷水中冷却，再用过滤网勺沥干水。

烧热的锅中倒入食用油，用中小火把大蒜炒出香味，放入培根继续翻炒。

放入2的西兰花，用大火翻炒，最后放盐和胡椒粉提味儿。

058

2人份

奥地利
炸猪排

柠檬	1/2 个	牛奶	1/4杯
樱桃番茄	10个	面包糠	2杯
橄榄油、蒜泥	各1大勺	帕玛森干酪（Parmasan）粉	2大勺
盐、胡椒粉、切碎的欧芹	各少许	面粉	3大勺
猪外脊	200g	油炸用油	适量
鸡蛋	1个		

058 材料

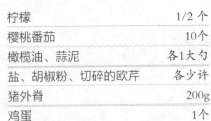

柠檬切成月牙形。樱桃番茄横向对半切开，和橄榄油、盐、胡椒粉、切碎的欧芹一起放入碗中搅拌均匀。

猪外脊用肉锤略敲打后2等分。每块再从中间横割开但不切断，展开摊平后用肉锤敲打成薄片，然后用盐、胡椒粉、蒜泥腌制。

鸡蛋打散拌匀，放入牛奶一起搅拌均匀。

面包糠和帕玛森干酪粉一起放入搅拌器搅打均匀。

拂去2的猪外脊表面的腌料，依次裹上面粉、3的蛋奶液、4的面包糠干酪粉。

将5的食材放入预热至170~180℃的油炸用油里炸至焦脆，再和柠檬、樱桃番茄拼盘摆放好。

059

猪肉炖菜

2人份

洋葱	1/4个	食用油	$1\frac{1}{2}$大勺
红甜椒	1/2个	蒜末、面粉	各1大勺
猪里脊	300g		

<腌肉料> 白葡萄酒1大勺，生姜汁1/2大勺，辣椒粉1小勺，细盐1/4小勺，胡椒粉少许

<酱汁> 莎莎酱（见p.151）* 1杯，水1/2杯，番茄酱（见p.150）1大勺，伍斯特辣酱油（见p.150）、砂糖各1/2大勺，盐、胡椒粉、切碎的欧芹 各少许

1. 洋葱切碎，红甜椒切成边长约1.5cm的方片。

2. 猪里脊切成边长约1.5cm的方块，再拌上腌肉料的所有材料腌一下。

3. 烧热的锅中倒入1/2大勺食用油，用中大火把腌好的猪里脊翻面煎烤至约八成熟且微微焦黄。再放入红甜椒轻轻翻炒后盛出。

4. 另起一锅倒入剩下的食用油，放入蒜末和洋葱翻炒，待洋葱呈透明状时放入面粉炒1~2分钟。

5. 将酱汁的所有材料放入，再放入3的食材一起用中火煮，煮到汤汁有光泽后放盐和胡椒粉提味儿，关火盛出，撒上切碎的欧芹。

* 莎莎酱指以番茄为基底，添加辣椒、柑橘类果汁等制成的酱汁，墨西哥菜肴中常用到。

060
麦香薄饼

温水	110g
干酵母粉	1小勺
高筋面粉	200g
细盐、砂糖	各1/2小勺
黄油	20g

1. 温水中放入干酵母粉拌匀。

2. 碗中放入高筋面粉、细盐、砂糖、黄油，再放入1的材料，用勺子搅拌至看不到粉末。

3. 把2的面团揉成球状，一直大力按揉直至面团表面光滑，然后放在盆里并用保鲜膜封好，放在暖和处进行第一次发酵，时间为30~50分钟。

4. 当面团发酵成之前两倍大时，取出等分成4个小面团，用湿棉布盖上醒面10分钟。

5. 用擀面杖把面团擀成12cm×20cm的薄片，不用放油，直接放入烧热的锅中，用中火翻面焙烤至双面微焦黄。

菠菜	1/8捆
墨西哥薄饼（直径25cm）	2张
番茄意面酱（见p.151）	3大勺
碎马苏里拉干酪（mozzarella）	2杯
帕玛森干酪（Parmasan）粉	1大勺
火腿	6片

061
墨西哥火腿干酪薄饼

2人份

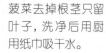

菠菜去掉根茎只留叶子，洗净后用厨用纸巾吸干水。

将每张墨西哥薄饼任一面的一半涂上番茄意面酱，并放上1/2杯碎马苏里拉干酪及1/2分量的菠菜、帕玛森干酪粉、火腿，然后再放上1/2杯碎马苏里拉干酪，接着将墨西哥薄饼对折。

烧热的锅中不放油，直接放上2的墨西哥薄饼，盖上锅盖用小火烤焙，中间可翻面，烤至干酪熔化且双面都呈微焦黄色即可。

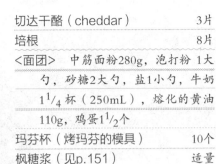

切达干酪（cheddar）	3片
培根	8片
<面团> 中筋面粉280g，泡打粉1大勺，砂糖2大勺，盐1小勺，牛奶$1\frac{1}{4}$杯（250mL），熔化的黄油110g，鸡蛋$1\frac{1}{2}$个	
玛芬杯（烤玛芬的模具）	10个
枫糖浆（见p.151）	适量

培根玛芬

10个

062

切达干酪切成小块。培根切成边长约0.5cm的方片，放入烧热的锅中煎至出油，放到厨用纸巾上吸除余油。

中筋面粉和泡打粉一起用过滤网勺过筛2或3遍，然后和面团的其他材料拌在一起，再把切达干酪和煎好的培根放入拌匀。

在玛芬烤盘中放入玛芬杯，将 的面团填到2/3的高度。

放入预热至180℃的烤箱中烤20分钟，呈金黄色时用竹签插一下，若抽出后无黏附物即可取出，搭配枫糖浆食用。

063

8个

迷你香肠
吐司杯

迷你维也纳香肠	16个	食用油、盐、胡椒粉、调味番茄酱
洋葱	1/4个	（见p.150） 各少量
青甜椒	1/2个	碎马苏里拉干酪（mozzarella）
罐头玉米粒	1/4杯	1杯
吐司	8片	蛋黄酱（见p.150） 1/4杯

迷你维也纳香肠对半斜切，洋葱和青甜椒切碎。

罐头玉米粒放到过滤网勺里沥干水，再把吐司的边缘切掉。

烧热的锅中放入1/2小勺食用油，再放入洋葱、青甜椒、罐头玉米粒用中火翻炒，最后放盐和胡椒粉提味儿，关火盛出凉一下。

碗中放入3的食材和维也纳香肠、碎马苏里拉干酪、蛋黄酱，再放入少许盐和胡椒粉并拌匀。

在玛芬烤盘中抹上薄薄一层的食用油，把吐司折一折塞进去，放入预热到190℃的烤箱中烤10分钟。

把4的食材填进5的吐司杯中，再放入烤箱烤18~20分钟，拿出后搭配调味番茄酱食用。

064

小鳀鱼
紫苏叶饭团

小鳀鱼干	1/4杯
<调味酱> 酱油、水各$1^1/_2$小勺，韩式料酒（见p.151）1小勺，砂糖、低聚糖（见p.47，p.151）各1/2 小勺	
青紫苏叶	5片
米饭	2碗（400g）
白芝麻	2小勺
芝麻油	1小勺
盐	1/4小勺

1　烧热的锅中不放油，放入小鳀鱼干用中火炒，待其飘出香味后放入调味酱的所有材料，炒至汤汁收干且小鳀鱼干呈油亮状。

2　青紫苏叶先对半切开，再切成细丝。

3　在热腾腾的米饭上放上炖好的小鳀鱼干和白芝麻、芝麻油、盐，搅拌均匀后凉一下。

4　放入青紫苏叶后搅拌均匀，分成8等份，分别握成饭团。

材料

香菇	1个	白萝卜	1/10根
牛蒡	1/3根（20cm长）	猪五花肉（涮锅用）	120g
胡葱*	2根	海带水（见p.151）	4杯
胡萝卜	1/6根	味噌（见p.150）	3大勺

*胡葱亦称冬葱、瓣子葱、火葱，鳞茎膨大为纺锤形或卵形。若无胡葱，也可用小葱代替。

2人份

065

猪肉味噌汤

1 香菇去根后切成薄片。牛蒡去皮后像削铅笔一样削成大小适合食用的薄片。胡葱切碎。

2 胡萝卜削皮后切成半月形的薄片，白萝卜切成0.3cm厚的扁方块。猪五花肉切成边长约3cm的方片。

3 汤锅里倒入海带水，放入猪五花肉用大火煮，煮至汤汁沸腾时撇去浮沫，然后放入香菇、牛蒡、胡萝卜和白萝卜继续煮。

4 煮至沸腾冒泡时转中火，放入味噌后再煮2~3分钟，关火放入胡葱。

① 韩式辣白菜在水中稍稍泡一下后切成细丝，大葱斜切成片。

② 猪背肋排去掉筋后用刀一根一根地分开，然后放在冷水里泡1小时以上，并用厨用纸巾吸干血水，加入腌肉料的所有材料，拌匀腌制30分钟以上。

③ 汤锅中倒入水，放入猪肋排、大蒜、生姜，用中火炖15分钟，捞出大蒜和生姜。

④ 另起一汤锅，烧热后放入芝麻油，放入①的辣白菜翻炒，再把③的猪肋排和肉汤一起放入，熬煮10分钟。

韩式辣白菜	1¹/₂杯（150g）	水	4杯
大葱	1/2 根	大蒜	3瓣
猪背肋排（详见p.64 "猪外脊" 部分）		生姜	1块
	300g	芝麻油	1/2大勺
<腌肉料> 清酒1大勺，生姜汁1/2 大勺，蒜末1小勺，盐、胡椒粉各少许		豆渣	1杯
		汤用酱油（见p.151）	1小勺
		盐、胡椒粉	各少许

о66 肋排豆渣汤

2人份

о67 韩式凉拌白菜

黄心白菜*	300g
胡葱（见p.97）	5根
<调料> 辣椒粉1¹/₂大勺，鲽鱼鱼露（见p.151）、水各1大勺，食醋1/2 大勺，蒜末2小勺，砂糖1¹/₄小勺，酱油、韩式辣椒酱、白芝麻、芝麻油各1小勺	

* 黄心白菜是制作韩国泡菜的常用白菜品种，外叶浓绿而内叶鲜黄，如山东大白菜。也可用一般大白菜代替。

⑤ 放入豆渣，用小火煮滚后放汤用酱油和大葱，最后放盐和胡椒粉提味儿。

① 黄心白菜切成边长约3cm的方片，胡葱去除根部后切成4cm长的段。

② 调料的所有材料放到大碗里搅拌均匀，再放入黄心白菜和胡葱轻轻拌一下。

猪肉盖饭

2人份

包菜叶	2片	糖、生姜汁各1/2大勺，芝麻油、	
洋葱	1/6个	芝麻盐各2小勺	
猪上肩肉（烤肉用）	300g	食用油	1/2大勺
<腌肉料> 韩式辣椒酱2大勺，麦芽		白芝麻	少许
糖稀、辣椒粉、酱油、韩式料酒		青紫苏叶	5片
（见p.151）、蒜末各1大勺，砂		米饭	2碗

包菜叶切成1cm×
3.5cm的长片，洋
葱切成0.3cm宽的
丝。

猪上肩肉2或3等
分，拌上腌肉料的
所有材料腌制。

烧热的锅中倒入
食用油，放入 2 的
肉，炒至变色断生
后放入包菜叶和洋
葱，翻炒至蔬菜变
软。

用手把青紫苏叶
撕成小片后放入锅
中，撒上白芝麻，
轻轻搅拌后关火，
盛在热腾腾的米饭
上。

069

凉拌
蔬果猪蹄

2人份

090

材料

黄瓜	1/2个
粗盐、食醋	各少许
梨	1/4个
洋葱	1/3个
煮猪蹄（见p.65）	400g

<调味汁> 砂糖、食醋各3大勺，蒜末2大勺，韩式黄芥末酱（见p.151）2小勺，酿造酱油1½小勺，盐1/3小勺

| 盐腌海蜇皮 | 250g |
| 花生碎 | 3大勺 |

1 用粗盐揉搓黄瓜表皮，洗净后纵向对半切开，再斜切成片。

2 梨削皮去核后切成丝。洋葱也切成细细的丝，放在冷水里浸泡后沥干水。

3 煮猪蹄切成方便食用的大小。

4 把调味汁的所有材料搅拌均匀，放入冰箱冷藏。

5 盐腌海蜇皮用流动清水冲洗干净，再放在冷水中泡约1小时去除咸味。

6 在煮沸的水中放入少许食醋，把海蜇皮放到过滤网勺中轻轻焯一下，再在冷水中漂洗几遍，以方便食用为原则切成2或3等份。

7 海蜇皮和3~4大勺 **4** 的调味汁一起拌匀。

8 把煮猪蹄、海蜇皮以及处理过的黄瓜、梨、洋葱盛到盘里，浇上剩余的 **4** 的调味汁，撒上花生碎。

烤五花肉

2人份

<腌肉料> 大蒜4瓣，生姜2块，洋葱1/4个，白葡萄酒1/4杯，韩式大酱（见p.150）2大勺，酱油、红砂糖各1/2大勺，水1/2杯，胡椒粉少许		韩式酸泡菜*	1/5棵
		大蒜	10瓣
		青辣椒	2个
		酱油泡椒（见p.45）	4个
		食用油、盐、胡椒粉	各少许
猪五花肉	500g		

* 指신김치，即腌制时间较长发酵了的酸味较重的泡菜，多用白菜制作。

1 腌肉料中的大蒜和生姜切片，洋葱切成粗丝。

2 腌肉料中的其他材料放在一起拌匀。

3 用叉子在猪五花肉表面均匀地扎出小洞。

4 把处理过的猪五花肉和 1 、 2 的腌肉料材料一起放到保鲜袋中，腌制4~5小时。

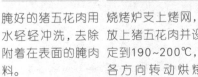

5 腌好的猪五花肉用水轻轻冲洗，去除附着在表面的腌肉料。

6 烧烤炉支上烤网，放上猪五花肉并设定到190~200℃，各方向转动烘烤40~50分钟，等猪五花肉表面颜色变深后，包上锡箔纸继续烤至熟透。

7 把韩式酸泡菜放在水中漂洗后挤干水，然后撕成方便食用的大小。大蒜剥皮备用，青辣椒斜切成片。

8 烧热的锅中倒入食用油，用中火把大蒜炒至焦黄，然后放盐、胡椒粉提味儿。

9 把 6 的五花肉切成方便食用的厚片，盛入盘中，配着 7 的酸泡菜和青辣椒、 8 的大蒜、酱油泡椒一起吃。

做鸡肉料理前
的须知

不同部位的特征

鸡大腿肉

鸡大腿部分的肉不但柔软还有嚼劲，脂肪含量恰当而且保有香喷喷的味道。做料理时可以带着骨头，但若用刀尖剔除骨头则吃起来更方便，且适用于更多的料理方式。市场上卖的鸡大腿肉大都是已做去骨处理的。

·烤，炒，炸，三明治

鸡脯肉

鸡脯肉是脂肪少的瘦肉且没有骨头，又因它是鸡身上肉块较大的部位，所以适用于多种料理。但是要注意，火候过了的话肉就会干涩难咽。

·烤，炸，鸡排，沙拉

鸡里脊（鸡柳）

鸡里脊是鸡胸脯内侧的部位，虽然和鸡脯肉一样脂肪少，但烹饪时火候略过也不会干涩难咽，而是柔嫩有嚼劲。做料理时一定要将鸡里脊上附着的筋膜剔除，这样才能保证料理的外观和口感更好。由于热量低、处理手法简单，所以它也是使用度非常高的部位。

·烤，卤，炸，炒，沙拉

鸡小腿

鸡的小腿部位运动量很大，因此鸡小腿不但肉质有弹力，而且油脂适当吃起来很香。带着皮做料理的情况很多，可在肉上划口子以使肉熟得更快更均匀，而且能够更好地入味。鸡小腿很少做去骨处理。

·烤，炸，BBQ

鸡翅

鸡翅是带着骨头的肉，虽然肉量少但特别有嚼劲，还含有对皮肤很好的胶原蛋白成分，在女性人群中有着很高的人气，但不利的一面是热量比较高。用鸡翅做料理时基本不用去皮。因为肉比较薄且松软，所以熟得很快。鸡翅末端粗的一节称为翅根，中间的一节称为翅中，梢端尖细的部分称为翅尖。

·炸，卤，烤

处理方法

做带着皮的鸡肉料理时，为了不摄取过多脂肪，可将皮下黄色的脂肪剔除，皮上的绒毛也一定要去干净。切好的鸡肉一定要用流动的清水冲洗干净。注意，处理鸡肉时如果用未烧开的温水，反而容易滋生细菌。鸡肉比起牛肉或猪肉都更容易腐坏，所以拆开包装后要在尽可能短的时间内处理好；遇到鸡肉量很多或者要花很长时间处理的情况，一定要将鸡肉放在冰箱里储藏。

储存方法

做料理剩下的鸡肉，应以下次料理时直接可以使用的状态冷冻起来。可以把脂肪或者筋膜剔干净，为了吃起来方便可将骨头也剔掉，每一个保鲜袋或者保鲜膜包装一次料理时需要的量，然后冷冻起来。鸡肉冷冻储藏时最好不要超过一个月，解冻时可先把鸡肉移至冰箱的冷藏室里慢慢解冻，或在未拆封的状态下泡在冷水里。为了做料理而剔出的鸡骨头可以集中冷冻起来，可用来熬汤。

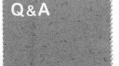

Q 如何去除鸡肉的怪味？

A 处理鸡肉时闻到的怪味来自于尾巴的黄色脂肪和鼓鼓囊囊的屁股部分，应把不需要的脂肪及部位去除干净。把处理过的鸡肉放在牛奶里浸泡20~30分钟，或者洒上清酒、料酒、白葡萄酒等也可以进一步去除怪味。料理时配合使用大蒜、葱、生姜等气味比较冲的蔬菜或者胡椒粉、月桂叶、迷迭香等香辛料，效果也比较好。

Q 做料理时怎么选择鸡的大小？

A 只选用鸡里脊、鸡脯肉、鸡大腿肉等某一部位来加工的料理，一般应选用大鸡。炸鸡或者炒鸡、炖鸡等料理，一般选中等大小的（约1kg）鸡切成块来使用。像参鸡汤等这种一人份的炖汤，一般用约850g的小鸡。虽然鸡的口味不会随鸡的大小而改变，但越小的鸡其脂肪比例就越高，肉质就越松嫩柔软。

鸡里脊	8块	培根	2片
<腌肉料> 很辣的辣椒粉1/2 小勺， 香草盐*少许		<油炸脆皮> 炸粉***1/2 杯，鸡蛋1个	
		油炸用油	适量
罗曼生菜**（romaine）	2棵	<蜂蜜芥末酱> 蛋黄酱（见p.150）	
番茄	1/2个	5大勺，旗牌古典黄芥末酱（见	
洋葱	1/6个	p.150）$1\frac{1}{2}$大勺，蜂蜜、牛奶各1	
煮鸡蛋	1个	大勺，柠檬汁1/2大勺	

将鸡里脊的筋膜剔掉，拌上腌肉料的所有材料腌制。

罗曼生菜的根部去掉，叶子洗干净后撕成一口可吃下的大小。番茄切成边长约1.2cm的方块。

* 香草盐，主要是在常用盐中添加了混合的干燥香草碎（多为迷迭香、百里香、牛至等）以及一些干燥辛香料。

** 罗曼生菜，亦称长叶莴苣，叶子较一般生菜更平整更细长。可用一般生菜代替。

*** 炸粉，一种专用来制作油炸食品的面粉，兼具浆粉和裹粉的功能。

洋葱切成边长约1cm的方片，放在冷水里浸泡去除辣味，然后用过滤网勺沥干水。

将煮鸡蛋8等分（即切成和番茄相似的大小），培根切成边长约1cm的方片。

烧热的锅中放入培根，用中小火炒至焦脆，然后放在厨用纸巾上吸除余油。油炸脆皮材料里的鸡蛋打散搅拌成蛋液。

①的鸡里脊按照炸粉、蛋液、炸粉的顺序裹好，放入170~180℃的油炸用油中，炸至金黄酥脆，捞出沥油。把各种蔬菜、煮鸡蛋、培根在盘中摆好，蜂蜜芥末酱的所有材料拌好盛入杯中，搭配刚炸好的鸡里脊一起吃。

071

卡真
鸡肉沙拉

2人份

072

咖喱鸡
三明治

2人份

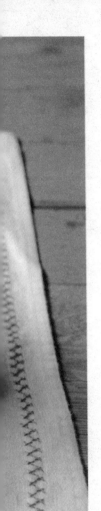

洋葱	1/4个	p.150）5大勺，大杏仁片、葡萄干各2大勺，咖喱粉1$\frac{1}{2}$大勺，蜂蜜1大勺，胡椒粉少许	
黑胡椒粒	1小勺		
白葡萄酒	2大勺		
鸡脯肉	2块	<盐水> 细盐1/4小勺，水1/2杯	
沙拉蔬菜（可用生菜）	适量	黑麦面包片	4片
<调味酱> 洋葱1/4个，蛋黄酱（见			

1 汤锅里放入足够多的水，和洋葱、黑胡椒粒、白葡萄酒一起煮沸，放入鸡脯肉煮15分钟。

2 煮熟的鸡脯肉沥干水后凉一下，撕成细细的丝。沙拉蔬菜洗干净后沥干水，撕成一口一块的大小。

3 调味酱材料中的洋葱切成细丝，放到混合好的盐水中浸泡，然后挤去水。

4 碗中放入鸡脯肉和洋葱丝，再把调味酱的其他材料放入拌匀。

5 烧热的锅中不放油，直接把黑麦面包片放入，翻面焙烤至双面焦黄。

6 在黑麦面包片上放上沙拉蔬菜，然后放上**4**中拌好的食材，最后盖上另一片面包片。

073

鸡肉奶油浓汤
面包盅

2人份

鸡脯肉	2块		各3大勺
盐、胡椒粉	各少许	面粉	2大勺
土豆	1/2个	水	2杯
胡萝卜	1/3个	鲜奶油	1/2杯
蘑菇	4个	圆形谷物面包	2个
罐头玉米粒、黄油、洋葱末		碎马苏里拉干酪（mozzarella）	1杯

鸡脯肉切成边长约2cm的方块，用盐和胡椒粉腌一下。

土豆和胡萝卜去皮，切成边长约1.2cm的方块。蘑菇4等分。罐头玉米粒倒在过滤网勺里沥干水。

烧热的锅中放入1大勺黄油，熔化后放入鸡脯肉炒至变色断生，然后放入剩下的2大勺黄油、洋葱末、土豆、胡萝卜、蘑菇、罐头玉米粒翻炒。

炒至蔬菜表面变软后转小火，放入面粉拌炒1~2分钟，再倒入水，用大火把蔬菜和肉完全煮熟。

放入鲜奶油，不时搅拌煮至汤汁黏稠，放入盐和胡椒粉提味儿。

从顶部把谷物面包的心掏空，放入 5 的食材，撒上碎马苏里拉干酪，放入预热至190℃的烤箱，烤至干酪熔化即可。

074

腰果炒鸡丁

2人份

芹菜	1½根	粉条	20g
鸡大腿肉	3块	<油炸脆皮>	鸡蛋白1个, 芡粉6大勺
<腌肉料> 酱油、清酒各1小勺,		<调味汁> 很辣的辣椒油、蒜末各	
盐、胡椒粉各少许		1½大勺, 姜末1小勺, 清酒3大勺, 砂	
油炸用油	适量	糖、蚝油各1大勺, 酱油1½小勺, 胡	
腰果	3大勺	椒粉少许	

芹菜去叶, 撕去粗纤维, 斜切成1cm长的段。

鸡大腿肉去除皮下脂肪, 带皮切成边长约2.5cm的方块, 拌上腌肉料的所有材料腌制。

在160~170℃的油炸用油里把腰果炸至金黄, 把芹菜像放在沸水里稍微焯一下似的放在油炸用油中稍微过一下。

粉条切成4cm长的段, 用大过滤网勺盛着放在170℃的油炸用油里炸一下。

油炸脆皮的所有材料和 2 中腌制好的鸡大腿肉一起抓拌均匀, 再放到170~180℃的油炸用油里炸至焦脆。

烧热的锅中放入调味汁材料中的辣椒油, 接着放入蒜末和姜末, 用小火炒至香味出来, 放入调味汁的其他材料稍微煮一会儿。

放入 5 的鸡大腿肉, 以及 3 的腰果、芹菜, 拌炒一下后盛到盘中, 搭配 4 的粉条一起吃。

075

西班牙鸡肉饭

2人份

全鸡（中等大小）	1/2只	樱桃番茄	5个
橄榄油	3大勺	手工火腿肠	$1\frac{1}{2}$根
盐、胡椒粉	各少许	蒜末、咖喱粉	各1大勺
大米、水	各$1\frac{1}{2}$杯	白葡萄酒	2大勺
洋葱、柠檬	各1/2个	辣椒粉	1小勺
红甜椒	1个		

① 全鸡切块，用流动的清水冲洗干净，沥干水后剔除皮下黄色的脂肪，用1大勺橄榄油、盐、胡椒粉腌制。大米洗净后放在过滤网勺里沥干水。

② 洋葱和红甜椒切成丁，樱桃番茄对半切开。

③ 柠檬4等分切成月牙形，手工火腿肠切成圆片。

④ ①中腌好的鸡肉放在烧热的锅中，焙烤至双面呈微金黄色后盛出。

⑤ 汤锅里放入2大勺橄榄油，然后放入洋葱、蒜末、手工火腿肠，用中小火翻炒4~5分钟。

⑥ ⑤的锅中放入红甜椒和大米，用中大火翻炒，然后放入白葡萄酒，炒到酒香味飘出。

⑦ 放入咖喱粉、辣椒粉、1/3小勺盐、胡椒粉轻轻地翻炒几下，接着放入水和④的鸡肉，盖上锅盖用大火煮2分钟，转中火再煮5~6分钟，再转小火煮7分钟把米饭蒸好。

⑧ 关火打开锅盖，放上樱桃番茄，盖上锅盖闷5分钟，搭配柠檬一起吃。

柠檬	1/3个
鸡大腿肉	2块

<腌肉料> 葱末2大勺，清酒1大勺，酱油$1^1/_2$小勺，蒜泥1小勺，姜泥、砂糖各1/2小勺，盐、胡椒粉各少许

<油炸脆皮> 艾粉、面粉各2大勺，鸡蛋黄1个

油炸用油	适量

076

干炸鸡块

2人份

1 柠檬3或4等分切成月牙形。

2 鸡大腿肉剔除皮下脂肪，连皮切成3cm×4cm的厚片，拌上腌肉料的所有材料腌制30分钟。

3 将 **2** 的鸡大腿肉和油炸脆皮的所有材料一起在碗中抓拌均匀。

4 在170～180℃的油炸用油里放入 **3** 的鸡大腿肉，炸至酥脆焦黄，捞出沥油，配着柠檬一起吃。

材料	
鸡里脊	5块
盐、胡椒粉	各少量
腌明太子	1大勺
碎马苏里拉干酪（mozzarella）	1杯
<面糊>	面粉、水各1大勺
春卷皮	8张
青紫苏叶	8片
油炸用油	适量

脆炸鸡肉春卷

2人份

077

1 鸡里脊去除筋膜，切成边长约1cm的方块，用盐和胡椒粉腌制。

2 能买到的明太子产品一般是整只的腌制品，取一整只用流动的清水冲洗一下，然后用刀在表皮上纵向划个口子，用刀背或勺子将里面的鱼卵取出1大勺备用。

3 把鸡里脊、腌明太子、碎马苏里拉干酪、胡椒粉放到碗里拌匀。面糊的所有材料拌匀。

4 在春卷皮上放上青紫苏叶，再铺上 **3** 的食材，然后把春卷皮先两侧向内折再卷成卷，收口处涂上拌匀的面糊以保证贴合紧密。放入180℃的油炸用油里炸至焦脆。

078

● 简式醋鸡
汤面

2人份

材料

清酒	1大勺	素面	140g
鸡脯肉	2块	<芝麻汤>	冷面高汤*（580mL），白
紫包菜叶	2~3片		芝麻1杯，水1/4杯，食醋3大勺，
洋葱	1/2个		砂糖$1\frac{1}{2}$大勺，韩式黄芥末酱（见
青紫苏叶	10片		p.151）2小勺，盐$1\frac{1}{8}$小勺

*冷面高汤若购买不到市售产品，可自己用鸡肉（鸡骨）或牛肉（牛骨）熬制高汤来代替
使用。

1 在煮沸的水中倒入清酒，放入鸡脯肉煮15分钟。

2 煮好的鸡脯肉放到过滤网勺里沥干水，顺着其肌肉纹理撕成粗丝。

3 把紫包菜叶、洋葱、青紫苏叶切成细丝。

4 在煮沸的水中放入素面，煮熟后放在过滤网勺里泡冷水中揉洗几遍，将面条卷成团并沥干水。

5 搅拌机里放入芝麻汤材料中的冷面高汤和白芝麻，充分搅拌打碎后用过滤网勺过滤，再和芝麻汤的其他材料一起搅拌均匀，放入冰箱冷藏。

6 把4的素面和2的鸡脯肉盛到器皿里，倒入5中已冰凉的芝麻汤，搭配3的蔬菜一起吃。

鸡肉小锅饭

2人份

牛蒡	1/5根（长12cm）	<调味汁> 海带水（见p.151）1杯，砂糖	
香菇	3个	1小勺，酱油、韩式料酒（见p.151）各	
平菇	1/2包	2大勺，胡椒粉少许	
水芹	4根	海带水（见p.151）	$1^1/_2$杯
生姜	1块	酱油	2小勺
鸡脯肉	$1^1/_2$块	韩式料酒（见p.151）	1大勺
粳米	$1^1/_4$杯	细盐	1/4小勺
糯米	1/4杯		

牛蒡削皮后像削铅笔一样削成薄片。

香菇去根后切成片，平菇去根后撕成一缕一缕的。水芹去除叶子，只把茎切成4cm长的段。生姜切成片。

先把鸡脯肉如图所示横割成2等份，然后切成细丝。

粳米和糯米洗干净，泡约30分钟后用过滤网勺沥干水。

锅中放入调味汁的所有材料，待滚开时放入鸡脯肉。

等鸡脯肉五成熟时放入牛蒡和香菇、平菇，用小火炖好后关火凉一下。

在汤锅里放入 6 的食材、4 的米、生姜、海带水、酱油、韩式料酒、细盐，盖上锅盖用大火煮一会儿，再转中小火煮约10分钟，关火后再焖5分钟。

焖好后开盖放入水芹，用饭勺轻轻搅拌一下。

1

在烧开的水中放入鸡脯肉，煮15分钟。

2

煮熟的鸡脯肉捞出放到过滤网勺里沥干水，再顺着肌肉纹理撕成粗丝。

3

黄豆芽去除根部、择洗干净，煮沸的水里放入盐，放入黄豆芽焯一下使其变得香脆，接着放到冷水里浸泡后用过滤网勺沥干水。

4

韭菜切成4~5cm长的段。黄瓜先斜切成薄片，然后再切成丝。

5

干荞麦面放入烧开的水中煮熟，之后放入冷水中揉洗几遍。双手握面把水挤干，再卷成团。

鸡脯肉	2块
黄豆芽	2杯
盐	少许
韭菜	1/5捆
黄瓜	1/2个
干荞麦面	140g

<调味酱> 韩式辣椒酱、食醋各3大勺，辣椒粉、砂糖各2大勺，酱油1$\frac{1}{2}$大勺，蒜末、低聚糖（见p.47，p.151）各1大勺，韩式黄芥末酱（见p.151）1小勺，盐少许

芝麻盐　　　　　　　　　少许

○8○　鸡丝凉拌面

2人份

○81　土豆煎饼

土豆（中等大小）、青辣椒	各2个
红辣椒	1个
煎饼预拌粉	2大勺
细盐	1/2小勺
食用油	适量

<醋酱油> 酱油、醋、水各1大勺，砂糖1/2小勺

6

在碗中放入卷好的荞麦面、**2**的鸡脯肉、处理好的蔬菜，并把调味酱的所有材料搅拌均匀浇上去，再撒上芝麻盐。

1 土豆用擦丝器擦成细丝，放到过滤网勺里沥干水。

2 所有的辣椒都纵向对半切开，去籽后切碎。

3 在碗中放入 **1**、**2** 的食材，再放入煎饼预拌粉，加入细盐提味儿，搅成浓稠的面浆。

4 烧热的锅里放入食用油，用汤勺将面浆一勺一勺舀起摊在锅中，两面都煎至金黄。醋酱油的所有材料一起拌匀，搭配土豆煎饼一起吃。

082

照烧鸡肉盖饭

2人份

洋葱（小个的）	1/2个
胡葱（见p.97）	2根
＜照烧汁＞ 生姜2块，水、酱油、清酒、韩式料酒（见p.151）各3大勺，低聚糖（见p.47，p.151）1大勺，砂糖1小勺	
鸡大腿肉	3块
荛粉	2大勺
食用油	1大勺
米饭	2碗

1

洋葱用擦丝器擦成细丝，浸泡到冷水中使其看起来更新鲜，再沥干水。

2

胡葱切碎，再把照烧汁材料中的生姜切成细丝。

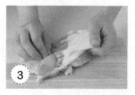

3

鸡大腿肉去除皮和皮下脂肪，切成边长约4cm的方块。

4	5	6	7
把鸡大腿肉裹薄薄一层的芡粉。	烧热的锅中倒入食用油,放入 4 的鸡大腿肉,煎烤至金黄后盛出。	用厨用纸巾将 5 的锅擦干净,烧热后放入照烧汁的所有材料一起煮滚,然后放入煎烤好的鸡大腿肉,煮至汤汁只余约2大勺且鸡大腿肉呈现光泽感。	米饭盛到碗里,浇上 6 的食材,并撒上洋葱和胡葱。

黄豆芽	3杯(100g)
红辣椒、青阳辣椒（见p.29）	
	各1/2个
大葱	1/4根
鳀鱼汤（见p.150）	$4^1/_2$杯
蒜末	2小勺
细盐	1小勺

o83

青阳辣椒豆芽汤

1 —— 黄豆芽去除根部、择洗干净。

2 —— 红辣椒、青阳辣椒、大葱切成薄片。

3 —— 在汤锅里放入鳀鱼汤和黄豆芽、蒜末，盖上锅盖用大火煮。

4 —— 煮约5分钟，黄豆芽熟后打开锅盖，放入细盐提味儿，再放入大葱和红辣椒、青阳辣椒。

牛蒡	1/2 根（长30cm）
食醋	少许
<调味酱>	白芝麻、糙米醋各1大勺，蛋黄酱（见p.150）1$\frac{1}{2}$大勺，味噌（见p.150）1/2大勺，砂糖2小勺，韩式黄芥末酱（见p.151）1/4小勺，盐少许

凉拌芝麻牛蒡

084

1 —— 牛蒡削皮切成5cm长的丝。

2 —— 在煮沸的水中放入少许食醋，把牛蒡放在过滤网勺里焯3~5分钟，然后沥干水并放凉。

3 —— 把调味酱材料中的白芝麻放到石臼里捣碎，再和调味酱的其他材料一起拌匀。

4 —— 把焯好的牛蒡和调味酱混合拌匀。

1
鸡大腿肉用流动清水冲洗干净，将皮下脂肪剔除后切成一口一个的略大一些的块。

2
鸡块调料的所有材料拌匀，只取1/2的量和处理过的鸡大腿肉拌在一起，并放入冰箱冷藏1小时。

3
白瓤红薯和胡萝卜削皮，切成厚约0.5cm的半月形的片。

4
洋葱、包菜叶、青紫苏叶切成边长约2cm的方片，大葱斜切成片。

5
年糕放在温水中泡软。

6
烧热的锅中放入1大勺食用油，放入 **2** 的鸡大腿肉和白瓤红薯用中火炒。

鸡大腿肉	300g	洋葱	1/4个
<鸡块调料> 韩式辣椒酱3大勺，辣		包菜叶	2片
椒粉2大勺，蒜末、酱油、糖稀、		青紫苏叶	10片
韩式料酒（见p.151）各1大勺，		大葱	1根
砂糖1小勺，韩式黄芥末酱（见		年糕（炒年糕专用）	100g
p.151）1/3小勺，胡椒粉少许		水	1/2杯
白瓤红薯	1/5个	食用油	适量
胡萝卜	1/8个		

○85 鸡块辣炒年糕

2人份

○86 菠萝冰沙

菠萝圆片	$1^1/_2$片
可尔必思*（菠萝味）	$1^1/_2$杯

*可尔必思（カルピス），日本的一款乳
酸菌饮料。也可用一般酸奶代替。

7　8

炒至白瓤红薯　鸡块调料翻炒均
五成熟时放入　匀且食材均熟透
胡萝卜、洋葱、　后，放入大葱和
包菜叶、年糕、　青紫苏叶，用大
水和剩下的鸡块　火再翻炒几下即
调料，用中火翻　可。
炒。

1　菠萝圆片切成8等份后放入冰箱
冷冻。市售有现成的圆片形状的
罐头菠萝，也可将新鲜菠萝去皮
切块后适量使用。

2　可尔必思倒入冰块模具里，放入
冰箱冷冻。

3　用搅拌机把 1 和 2 的食材打成
冰沙，盛入玻璃杯中。

087

鸡脯肉
果蔬沙拉

2人份

鸡脯肉	2块	芹菜	1根

<腌肉料> 橄榄油、白葡萄酒各1大勺，盐、胡椒粉各少许

葡萄干 2大勺

核桃 5瓣

苹果 1个

<砂糖水> 水适量，砂糖2小勺

<沙拉酱> 蛋黄酱（见p.150）5大勺，蒜末2大勺，蜂蜜、柠檬汁各1/2大勺，旗牌古典黄芥末酱（见p.150）1/2小勺，盐、胡椒粉各少许

① 鸡脯肉切成边长约2cm的方块，加入腌肉料的所有材料，拌匀腌制。

② 每瓣核桃等分成2或3份。烧热的锅中不放油直接将核桃放入，把底面焙黄后取出，放凉。

③ 烧热的锅中放入 ① 的鸡脯肉，用中火焙至微焦黄，盛出凉一下。

④ 苹果削皮去核，切成边长约1.5cm的方块，放入拌好的砂糖水中浸泡一会儿。

⑤ 芹菜去掉叶子，撕去茎部的粗纤维，切成和处理好的苹果相似的大小。

⑥ 碗里放入芹菜、苹果、鸡脯肉、核桃、葡萄干和沙拉酱的所有材料，一起搅拌均匀后盛到器皿中。

鸡脯肉	2块	米饭	300g
洋葱	1/2个	黄油	2小勺
蘑菇	3个	盐、胡椒粉、切碎的欧芹	各少许
食用油、白葡萄酒	各1大勺	鲜奶油	6大勺
番茄酱（见p.150）	4大勺	碎马苏里拉干酪（mozzarella）	2杯
伍斯特辣酱油（见p.150）	1/2大勺		

088

意式鸡皇焗饭

2人份

鸡脯肉切成边长约1.5cm的方块，洋葱切碎，蘑菇切片。

烧热的锅中放入食用油，用中火把洋葱炒至变软，放入鸡脯肉炒至变色断生，转大火加入白葡萄酒，翻炒至酒香味飘出。

放入蘑菇炒至变软，放入番茄酱和伍斯特辣酱油，轻轻拌炒几下。

放入米饭和黄油，用中大火稍稍拌炒，放入盐和胡椒粉提味儿。

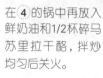

5

6

在 4 的锅中再放入
鲜奶油和1/2杯碎马
苏里拉干酪，拌炒
均匀后关火。

把 5 的食材盛入烤箱专用器皿中，将剩
下的碎马苏里拉干酪均匀地放到表面，
放入预热至180~190℃的烤箱，烤14~15
分钟至表面焦黄即可，取出撒上切碎的
欧芹。

089
三蔬条沙拉

芹菜	1根
胡萝卜	1/3根
黄瓜	1/2根

<沙拉酱> 无糖原味酸奶85g，奶油奶酪17g，柠檬汁1小勺，蜂蜜1/2小勺，盐、胡椒粉各少许

1 芹菜撕去茎部的粗纤维，切成8cm长的段，再纵向对半划开成长条。胡萝卜也切成同样大小的长条。

2 黄瓜也纵向对半切开，去掉籽后也切成8cm长的粗条。

3 沙拉酱的所有材料搅拌均匀，和处理好的蔬菜搭配着一起吃。

翅中	250g
牛奶	1杯
盐、胡椒粉	各少许
炸粉（见p.108）、荧粉	各2大勺
油炸用油	适量

<酱汁> 塔巴斯科辣椒酱（见p.151）2大勺，苹果醋1/2大勺，黄油、砂糖各1大勺，调味番茄酱（见p.150）2小勺，酱油1/2小勺

090 · 布法罗
辣鸡翅

2人份

1 翅中用流动清水冲洗干净，泡到牛奶里1小时左右，取出用厨用纸巾吸干水，用盐和胡椒粉腌制。

2 盘子里放入炸粉和荧粉并混合均匀，将①的翅中均匀裹上一层。

3 将翅中放在160~170℃的油炸用油里炸至焦脆。要炸两次，第一次炸熟即可捞出，搁置几分钟后再入锅炸至焦黄酥脆。

4 锅中放入酱汁的所有材料，熬至浓稠，放入炸好的翅中快速搅拌一下，使酱汁均匀附着在翅中表面。

材料

整头大蒜	2个
橄榄油、盐	各少许
鸡小腿	4个

<腌肉料> 橄榄油2大勺，白葡萄酒 1 大勺，盐、胡椒粉各少许

<蒜汁> 大蒜10瓣，麦芽糖稀、水各2大 勺，砂糖$1\frac{1}{2}$大勺，食醋1/2大勺，盐1 小勺，酱油1/2小勺

2人份

091

蒜汁
烤鸡腿

1 整头大蒜如图所示对半切开，截面上涂抹橄榄油和盐。

2 鸡小腿用流动清水冲洗干净并沥干水，去除皮下的黄色脂肪，每个鸡小腿划2或3个口子，拌上腌肉料的所有材料腌制。

3 烤箱预热至190℃，放入鸡小腿和 **1** 的大蒜，烤20~25分钟，至鸡小腿金黄即可取出。

4 把蒜汁材料中的大蒜切碎，放入网目较细的过滤网勺并泡在冷水中以去除辣味，最后沥干水。

5 锅中放入蒜汁除大蒜外的其他材料，用小火熬到汤汁只余1/3 时放入 **4** 的大蒜，稍微煮一下后盛出，搭配鸡小腿一起吃。

1 洋葱和大蒜切碎，蘑菇切成片。

2 把鸡脯肉表面的筋膜和脂肪用刀割掉，拌上腌肉料的所有材料腌制30分钟。

3 烧热的锅中放入鸡脯肉，用中火煎至双面金黄后取出，用锡箔纸包好，让余热把鸡脯肉的内部彻底烘熟。

4 **3**的锅烧热后放入黄油，待其熔化后放入洋葱和大蒜，用中火炒至完全变软，再放入蘑菇继续翻炒。

鸡脯肉	2块	蘑菇	5个
<腌肉料> 橄榄油、白葡萄酒各1大 勺，盐、胡椒粉各少许		黄油	1/2大勺
		鲜奶油	1杯
洋葱	1/8个	整粒芥末酱*（见p.150）	1小勺
大蒜	1瓣	盐、胡椒粉	各少许

092 奶油蘑菇汁煎鸡排

2人份

093 田园沙拉

沙拉蔬菜（可用生菜、紫包菜等）	
	2杯
<沙拉酱> 苹果醋、橄榄油各2大 勺，洋葱泥、砂糖各1大勺，盐、 胡椒粉各少许	

1 ──── 沙拉蔬菜洗干净后沥干水，撕成一口一个的大小。

2 ──── 碗里放入沙拉酱的所有材料并搅拌均匀，和沙拉蔬菜搭配食用。

5

6

蘑菇炒至变软后放入鲜奶油和整粒芥末酱，用中火煮至汤汁黏稠，放入盐和胡椒粉调味。

把 3 的鸡脯肉切成吃起来方便的厚片并盛盘，再将 5 的食材浇上即可。也可再放上一些绿叶蔬菜作为装饰。

* 整粒芥末酱(whole-grain mustard)，原产自法国，这种整粒芥末酱内含未研磨的芥末籽，咬破芥菜籽时就会释放出辛辣油，味道很特别，特别适合肉类和海鲜类菜肴的烹制。

2人份

094

茄汁鸡腿

鸡小腿	4个	面粉	1大勺
盐、胡椒粉	各少量	橄榄油	2大勺
洋葱	1/2个	番茄酱（见p.150）	1罐（425g）
罐头黑橄榄	10个	砂糖	1小勺
樱桃番茄	8个	通心粉	100g
培根	2片		

鸡小腿用流动清水冲洗干净，放在厨用纸巾上吸干水，用盐和胡椒粉腌制。

洋葱切碎，罐头黑橄榄放在过滤网勺里沥干水。樱桃番茄对半切开，培根切成边长约1cm的方片。

把面粉放在网目很细的过滤网勺里，使面粉均匀地落在①的鸡小腿上。

烧热的锅中放入1大勺橄榄油，放入①的鸡小腿，煎至双面金黄后取出。

在汤锅中放入1大勺橄榄油，接着放入洋葱和培根，把洋葱炒至浅褐色后放入罐头黑橄榄、番茄酱、砂糖，熬煮至滚。

放入④的鸡小腿和樱桃番茄，用小火再煮20~25分钟。

在煮沸的水中放入通心粉，煮熟后沥干水，配着⑥的茄汁鸡腿一起吃。

材料

全鸡（中等大小）	1只
砂糖	1大勺
细辣椒粉、细盐	各2小勺
大蒜粉	1小勺
胡椒粉	1/5小勺
牛奶	$1^1/_2$杯
无糖原味酸奶	3/4杯
炸粉（见p.108）	2杯
油炸用油	适量

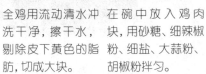

①

全鸡用流动清水冲洗干净，擦干水，剔除皮下黄色的脂肪，切成大块。

②

在碗中放入鸡肉块，用砂糖、细辣椒粉、细盐、大蒜粉、胡椒粉拌匀。

095

奶香
黄金炸鸡

2人份

3

在保鲜袋里放入牛奶、无糖原味酸奶和 **2** 的鸡肉块，放入冰箱的冷藏室腌制2小时以上。

4

腌制好的鸡肉块放在过滤网勺里沥干水，在表面裹2遍炸粉。

5

鸡肉块放入170~180℃的油炸用油中，炸7~10分钟至金黄酥脆即可。

096 黄油烤玉米

中筋面粉	250g
泡打粉	$2\frac{1}{4}$小勺
烘焙用小苏打粉	1/4小勺
砂糖	2大勺
盐	1/4小勺
冰黄油（事先冷藏保存）	120g
无糖原味酸奶	120mL
牛奶	60mL
刷涂用牛奶	少许

097 原味比司吉*

1 把中筋面粉、泡打粉、烘焙用小苏打粉一起用过滤网勺过筛2或3遍。

2 过筛好的粉中放入砂糖、盐，冰黄油用刮刀切成豆粒大小，然后将粉和冰黄油搅拌均匀。

3 **2** 的材料中再放入无糖原味酸奶和牛奶，和成一个大面团，然后8等分，分别揉成圆球状的小面团。

4 把 **3** 的小面团放入烤盘，用刷子把刷涂用牛奶薄薄地涂满表面。

5 烤箱预热至180℃，烤20~25分钟。

* 比司吉（biscuit），指用泡打粉或苏打粉作为膨松剂制成的小面包。

蒸玉米	2个
加盐黄油	3大勺
盐、胡椒粉、砂糖	各少许

1 蒸玉米2或3等分，至少提前30分钟将加盐黄油放置在常温环境中使其软化。

2 在碗里放入已变软的加盐黄油、盐、胡椒粉、砂糖，均匀地拌好后涂在玉米上。

3 烧热的锅中放入 **2** 的玉米，用中火焙烤至微焦黄。

098

蜂蜜黄油抹酱

098 材料		
加盐黄油		100g
牛奶		1小勺
蜂蜜、果酱		各1大勺

1 — 至少提前30分钟将加盐黄油放置在常温环境中使其软化。

2 — 在碗里放入加盐黄油，待其呈奶油状时用手动搅拌器搅拌成霜状。

3 — 在 2 的碗中再放入牛奶和蜂蜜，接着用手动搅拌器拌匀。

4 — 放入果酱，用橡胶刮刀轻轻搅拌至顺滑。

洋葱	1/3个	红甜椒、青甜椒	各1/2个
鸡脯肉	2块	墨西哥薄饼（直径约15cm）	4张
<腌肉料> 蚝油、蒜末各1小勺，辣椒粉1/2小勺，盐、胡椒粉各少许		食用油	$1\frac{1}{2}$大勺
		盐、胡椒粉	各少许

* 法士达，源自西班牙语fajita，指墨西哥人的传统铁板烤肉料理，也是目前美国盛行的得-墨料理（Tex-Mex）中的菜式。传统的fajita一般用牛肉制作。

洋葱切成粗丝，红甜椒和青甜椒去籽后切成和洋葱相同大小的粗丝。

把鸡脯肉表面的筋膜和脂肪用刀割掉，每块鸡脯肉从中间横割成2片，腌肉料的所有材料拌匀，均匀涂抹鸡脯肉进行腌制。

烧热的锅中什么油都不放，直接放入墨西哥薄饼用小火焙烤。

烧热的锅中放入1大勺食用油，再放入洋葱、红甜椒、青甜椒，炒至微软仍鲜脆的状态，放入盐和胡椒粉提味儿并盛出。

将 4 的锅稍清理下，放入剩下的食用油，放入鸡脯肉用中火焙烤至金黄，取出撕成稍粗的长条，与炒好的蔬菜一起摆盘，搭配墨西哥薄饼一起吃。

100　番茄莎莎

樱桃番茄	10个
墨西哥辣椒	1个
洋葱末	2大勺
柠檬汁、橄榄油	各1大勺
蒜末	1小勺
砂糖	1/2小勺
切碎的欧芹	1/4小勺
盐、胡椒粉	各少许

1 樱桃番茄切成略大的块，放在过滤网勺里沥干水，墨西哥辣椒切碎。

2 把 1 的食材和剩下的所有材料都放入碗中搅拌均匀。

101.

2人份

墨西哥
鸡肉比萨

市售比萨预拌粉	1袋	罐头玉米粒	3大勺
鸡脯肉	1块	莎莎酱（见p.91，p.151）	2¹/₂大勺
盐、胡椒粉、橄榄油	各少许	碎马苏里拉干酪（mozzarella）	1¹/₂杯
洋葱	1/6个	墨西哥辣椒片	3大勺
樱桃番茄	4个		

① 按照比萨预拌粉包装纸上的说明把面和好，用保鲜膜蒙起来进行第一次发酵，需30分钟。

② 把鸡脯肉切成边长约1.2cm的方块，用盐、胡椒粉、橄榄油腌制。

③ 洋葱切成边长约1cm的方块，樱桃番茄4等分，罐头玉米粒放在过滤网勺里沥干水。

④ 烧热的锅中放入1小勺橄榄油，把洋葱炒至透明即可盛出。

⑤ 把④的锅再烧热，放入②的鸡脯肉，用大火炒至双面焦黄。

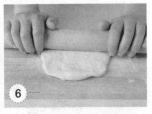

⑥ 待①的面团发酵到原先大小的2倍时，先2等分，再用擀面杖分别擀成20cm×15cm的椭圆形面片。

⑦ 在面片上薄薄地涂上莎莎酱，稍微撒一些碎马苏里拉干酪，再均匀地放上炒好的鸡脯肉、洋葱、樱桃番茄、玉米粒、墨西哥辣椒片，最后把剩下的碎马苏里拉干酪全部撒上。

⑧ 把⑦的生比萨蒙上保鲜膜，进行30分钟的第二次发酵，然后放入预热至200℃的烤箱，烤20分钟。

提升美味的
调味品和汤水

A1牛排酱

猪排酱
（とんかつ
ソース）

伍斯特辣酱油
（Worcestershire
sauce）

蛋黄酱（美乃滋）
(mayonnaise)

番茄酱
（tomato
sauce）

调味番茄酱*
（ketchup）

罐头去皮整
番茄
（whole
tomatoes）

海鲜酱

味噌

越南河
粉酱汁

韩式大酱
（된장）

鲣鱼昆布汁
（本つゆ）

旗牌古典黄芥末酱
（French's classic
yellow mustard）

整粒芥末酱
（whole-grain
mustard）

* ketchup多由番茄浓缩液加入调味用的糖、盐等制成。一般作为调料、蘸料等冷食，比如作为薯条蘸料。与tomato sauce不同，ketchup很少用于烹饪过程中。

鳀鱼汤

可用于制作口味清淡的汤或粥等。熬煮前先将鳀鱼干炒至酥脆以去除鱼腥味，熬煮的时间不宜太久，以免煮出涩味。一次多做一些，根据一次料理所需用量分装后冷冻保存起来，可保存30天。

熬汤用鳀鱼干10条，水5杯，海带（10 cm×10 cm）1片

1 去除鳀鱼干的头和内脏，切成两半。
2 将鳀鱼干放入热锅，用中火炒至酥脆。
3 在2的锅中加入水，放入海带，用大火煮。
4 锅中的水沸腾时，用过滤网勺将海带捞出。
5 转中火再煮10分钟，关火用过滤网勺过滤，只留下汤备用。

| 调味用
红酒 | 意大利香脂醋
（balsamic
vinegar） | 番茄意面酱
（spaghetti
sauce） | 莎莎酱
（salsa） | 塔巴斯科辣椒酱
（Tabasco
pepper sauce） | 甜辣椒酱
（sweet chilli
sauce） | 泰式香甜辣椒酱
（是拉差辣椒酱）
（sriracha chilli
sauce） |

| 韩式黄芥末酱
（연겨자） | 汤用酱油*
（국간장） | 鳀鱼鱼露
（멸치액젓） | 清酒
（청주） | 韩式料酒**
（미림，맛술） | 低聚糖 | 枫糖浆
（maple
syrup） |

* 汤用酱油类似于日本的淡口酱油（淡口しょうゆ），颜色较浅而味道较咸。

** 韩式料酒与中式料酒的味道不同，它与日本的味淋（みりん）味道相似。

海带水

即使不开火，也能出浓味。无论是炖汤或做粥，还是做酱汤或打蛋液等，放入海带水，都可以令料理更美味。一次多做一些，根据一次料理所需用量分装后冷冻保存起来，可保存30天。

海带（10 cm × 10 cm）1片，水5杯

1 用干净抹布轻轻擦拭海带。

2 在碗里加入水并放入海带，盖上盖子或用保鲜膜密封好。

3 浸泡2~3小时，捞出海带，只留下汤水备用。

食谱索引

肉基本
料理法索引

肉丸

版权所有，翻印必究

著作权合同登记号：图字16-2013-034

图书在版编目（CIP）数据

小"食"光.101份无国界咖啡馆招牌餐品，家中的65桌肉主题轻食时光 /（韩）la cuisine著；杨茜茹译.—郑州：河南科学技术出版社，2016.7（2020.1重印）

ISBN 978-7-5349-7729-9

Ⅰ.①小… Ⅱ.①l… ②杨… Ⅲ.①荤菜-食谱 Ⅳ.①TS972.12

中国版本图书馆CIP数据核字（2015）第067674号

出版发行：河南科学技术出版社

地址：郑州市经五路66号　邮编：450002

电话：（0371）65737028　65788633

网址：www.hnstp.cn

策划编辑：李迎辉

责任编辑：李迎辉

责任校对：耿宝文

封面设计：张　伟

责任印制：张艳芳

印　　刷：三河市同力彩印有限公司

经　　销：全国新华书店

幅面尺寸：170 mm×235 mm　印张：10　字数：200千字

版　　次：2016年7月第1版　2020年1月第2次印刷

定　　价：35.00元

如发现印、装质量问题，影响阅读，请与出版社联系并调换。

耕农田，养植物，下厨房

小"食"光．101 份无国界咖啡馆招牌餐品，家中的 65 桌蛋主题轻食时光

la cuisine 不断以新的视角推动饮食文化和烹饪技艺的新趋势，呈上全新创意的蛋主题餐桌方案。

小"食"光．101 份无国界咖啡馆招牌餐品，家中的 65 桌肉主题轻食时光

la cuisine 不断以新的视角推动饮食文化和烹饪技艺的新趋势，呈上全新创意的肉主题餐桌方案。

城市农夫有块田

在城市归农运动中找寻幸福生活之路，韩国设计师李鹤浚的乡间耕食生活。

小"食"光：101 份咖啡馆人气餐点，家中的悠闲小食时光

la cuisine 不断以新的视角推动饮食文化和烹饪技艺的新趋势，多年积累推出的第一本咖啡馆风格小食食谱。

一碗

精通日、韩及西式料理的专业料理设计师 May，为你呈现独特个人风格的日式家庭味。"技术任谁都可以模仿，唯有感觉是学习不来的。"

蓝带甜点师的纯手工果酱

一定要做出连不吃果酱的人都想吃的果酱，法国蓝带厨艺学院认证甜点师的执念处女作。

冰食纪

台式冰品遇见法式果酱，法国蓝带厨艺学院认证甜点师的创意果酱冰品新作。

无黄油，蒸简单!
1 只锅的完美蛋糕全书

电饭锅、蒸锅、汤锅或平底锅，1 只锅做 95 款每天吃也不会腻的低热量美味蛋糕和甜品。

Julia's 香草满屋

台湾香草生活玩乐家识香草、种香草、食香草、玩香草的幸福生活笔记。

四季的幸福烘焙

跟随自己对四季的美妙感受，Mayo将艺术感性与烘焙技艺完美结合，设计出 77 个幸福感满溢的独特配方。

微笑的戚风蛋糕

曾获"世界美食图书大奖"的韩国麒麟出版社，带来极简装饰风名店戚风蛋糕，从眼到口都让你满足到微笑。